U0268346

探索气象营销新高地

——基于影视传播的全媒体气象营销策略研究

李婷婷 / 编著

图书在版编目（CIP）数据

探索气象营销新高地：基于影视传播的全媒体气象营销策略研究 / 李婷婷编著 . -- 北京：经济管理出版社，2024. -- ISBN 978-7-5096-9868-6

Ⅰ. P451

中国国家版本馆 CIP 数据核字第 2024DH8656 号

组稿编辑：范美琴
责任编辑：范美琴
责任印制：许　艳
责任校对：王淑卿

出版发行：经济管理出版社
（北京市海淀区北蜂窝 8 号中雅大厦 A 座 11 层　100038）
网　　址：www.E-mp.com.cn
电　　话：（010）51915602
印　　刷：唐山玺诚印务有限公司
经　　销：新华书店
开　　本：710mm × 1000mm/16
印　　张：13
字　　数：229 千字
版　　次：2024 年 9 月第 1 版　　2024 年 9 月第 1 次印刷
书　　号：ISBN 978-7-5096-9868-6
定　　价：98.00 元

联系地址：北京市海淀区北蜂窝 8 号中雅大厦 11 层
电话：（010）68022974　邮编：100038

编委会

主　　编：李婷婷

副 主 编：刘慧秋　王宇岱

编　　委：翟　潇　尚婧丹　张　帆　杜　燕　任宇杰
边文欣　钟子玥

指导专家：李海胜　白静玉　宋英杰　金定海　田　涛
赵　梅　周　伟　林如海　陈特军

序

山高路远　但见风光无限

气象事业是科技型、基础性、先导性社会公益事业，气象服务是气象事业发展的立业之本，气象工作一直以来都受到党中央、国务院高度重视。“做好气象服务”曾出现在2020年《政府工作报告》中，简单六个字，明确了气象人的使命与担当。气象工作者使命在肩，正因如此，更需站在党和国家发展全局的高度，全力以赴地为经济社会发展做出更大贡献。

2022年4月28日，国务院印发《气象高质量发展纲要（2022—2035年）》（以下简称《纲要》），系统部署了在此期间我国气象高质量发展的主要目标和重要任务，为气象高质量发展指明了方向、绘就了蓝图。近几年，气象部门始终坚持把公共气象服务放在各项气象工作的首位。党的二十大部署的全面推进乡村振兴，促进区域协调发展等工作，要求气象与各行各业深度融合发展，保障国家重大战略实施和重大工程建设。如何结合党的二十大精神，更加深入地学习与理解以及贯彻落实《纲要》，更好地实践在气象高质量发展的工作中，成为中国气象局下属各单位的发展方针和奋斗目标。

公共服务产品需要适应新时代发展要求，要不断提升传播范围与影响维度，在多元化、多平台、多渠道传播背景下，对品牌打造提出更高要求。“中国天气”作为国家级气象媒体的先行者，瞄准《纲要》描绘的蓝图，深耕二十四节气传统文化各类形态，充分发挥气象媒体创新引领作用，结合当前经济发展趋势与国家战略规划，针对生态文旅、民生公益、节气传承、乡村振兴等维度，以全面拓展“气象+”赋能新路径为目标，以发展个性化、精细化的专业气象服务业务为方向，推进“中国天气”金名片工程谱系迭代全面升级。

与之相对应地，填补市场空白的气象营销策略也应时而生，本书是继《天气营销》之后，“中国天气”再一次隆重推出的气象媒体营销新主张。书中通过专家声音反射出行业洞察观点以及市场营销策略；通过传播现状来分析市场宣传趋势与前瞻性；通过舆论声量来表达媒体聚焦与主流认可的成绩；更通过中国天气金名片工程的四大分支，展现了天气营销的变革驱动以及聚力前行。

前行路上，阳光普照是常态，经历风雨也是必然。在获得认可和赞誉的同时，面对气象媒体营销的局限和困境，我们也渴望创新、突破、进步。作为气象人，要坚持社会主义市场经济改革方向，站在发展公共气象服务的高度谋划“中国天气”品牌发展。“中国天气”的每一位气象工作者，都秉承着“始于初心，源于热爱，成于坚守”的坚定信念，能吃苦、敢担当、肯奋斗、知感恩，以精细气象服务赋能经济社会高质量发展，充分发挥好气象在文化传播、旅游出行、农品建设、能源转化、宜居宜业等领域的支撑与赋能作用，同时全力助推气象公园、天然氧吧、避暑旅游地等气候生态品牌的打造，力争通过多个平台、多种产品、多项活动相互配合，系统构建出涵养文化、美好生活、良好生态、利民惠民的“大气象”服务体系。

风雨多经志弥坚，关山初度路犹长。愿携手共进新时代，逐梦前行谱新篇。

华风集团董事长 李海胜

目 录

行业洞察与市场策略

宣传趋势与前瞻分析

媒体聚焦与主流认可

变革驱动与聚力前行

洞察篇

天光云影 风云相会

从市场变幻到行业洞察，掌握规律才能找准方向。

行业洞察与市场策略

当前我国各行各业正面临着深度调整与转型的挑战。在这样的变局之下，如何运用天气实现品牌营销再升级，推动服务模式、产品创新与深度赋能的创新融合，成为行业发展的关键议题。

二十四节气的时代价值

——行走的科学与文化

■ 宋英杰

中国气象局气象服务首席专家、

中国天气・二十四节气研究院副院长

中国天气・二十四节气研究院（以下简称二十四节气研究院）是由中国气象局华风气象传媒集团和中国气象局气象宣传与科普中心联合主办的专业研究机构。二十四节气研究院的成立，旨在充分挖掘二十四节气中的气象元素，结合地域气候差异、风俗文化差异和历史传承，在健康养生、文化习俗、农耕文明和品牌赋能等方面开展应用研究和文化传播。

一、扎实基础 二十四节气的研究方向

近几年，二十四节气研究院填补了关于二十四节气的学术论文或专著方面的空白，截至 2021 年，已向中国首届二十四节气国际学术大会提交了两篇论文。

2021 年，二十四节气研究院围绕所研究范围，制定了两项标准：第一项标准是二十四节气的英译标准。1650 年国外开始翻译二十四节气，此后分别在 1911 年和 1912 年，开始有大量的汉学家和传教士系统地进行翻译，但是至今国内暂无可指导翻译的国家标准和系列译法方案。二十四节气研究院联合二十四节气传承保护的牵头单位，一起完成了二十四节气英译标准。第二项标准是二十四节气之城的评价标准，即从气候、天文、物候、文化以及特殊贡献的维度，评价各地方二十四节气的风光、风物、风俗之美。

同年，二十四节气研究院建立了为期三年的基础研究课题，课题共包括

11 个研究方向，涵盖人文、自然等多个学科，如唐诗宋词中的二十四节气，以及如何用专业方式界定与各个节气相关的代表性诗词等内容。以立春为例，立春是中国二十四节气序列中的第一个。此时用王安石的“物以终为始，人从故得心”一诗代表立春的含义最为恰当。如果说立春是天文划分季节的开始，宋代赵师侠的“人随春好，春与人宜”也可用在此处。进入立春时节，形容物候颜色和纹理变化时，可以联想到白居易的“柳色早黄浅，水文新绿微”。此外，李白还写过整个春天的历程与节气变化。其实，只要从诗词当中去挖掘，会发现中国的传统文化、美学界定和节气刻画既细腻又美好。

中国气象局气象服务首席专家、
中国天气·二十四节气研究院副院长　宋英杰

二十四节气研究院目前所研究的 11 个方向中，突出了两个“跨”字：一个“跨”是跨国界，另一个“跨”是跨学科。二十四节气作为研究目标，起源于中国，是人类非遗当中唯一的知识和实践类项目，其具有全国性共识和国际性影响。在现代社会中，依托土地生活的人民越来越少，如果要让节气能够与现代人更好相处，就要挖掘节气内涵中文化和科学与我们之间刚性的关联方式。

在从事基础学科研究之余，二十四节气研究院对节气的应用拓展还有两个必然方向：第一个是美学归宿，即探寻节气中视觉、听觉、嗅觉的各种美，使节气和美学相结合，让大家尤其是年轻人在心旷神怡中去传承二十四节气。第二个是和人的生活品质高度相关，充分研究自然节律与人体养生，用节气文化滋养当代生活，这也是我们的历史使命和职业担当。

二、创新向上 二十四节气之城的创建

“二十四节气之城”创建活动是立足于气候科学，着眼于节气文化的多种表达形式及其保护传承实践的综合评价活动，可促进各地更清晰地理解、更准确地弘扬二十四节气的科学内涵和文化价值。促进非遗传承，讲好中国节气故事；增强文化自信，助力美丽中国建设。评定一个城市在中国是否有资格成为具有代表性的节气之城，二十四节气研究院为此制定出一套相对严谨的多维度标准。

1. 解读二十四节气

什么是二十四节气？二十四节气是中国古人通过观察太阳周年运动而形成的知识体系和应用实践。最早被确立的两个节气是冬至和夏至，这是全球统一的两个节气，只不过在西方文化中，是不叫节气的节气。之后有了春分、秋分，现在“二分二至”还是西方很多国家民间划分四季的通用方式，俗称天文法。从此开始，中国就形成了独有的“四立”：立春、立夏、立秋、立冬。虽然常说我国是一个幅员辽阔、四季分明的国家，但真正四季分明的地方只占全国陆地面积的一半。正是因为太阳周年运动的轨迹差异，形成了不同的气候和物候，造就了不同的风光、风物、风俗。

二十四节气之所以诞生在中国，有以下原因：第一，中国古代有相对发达的天文知识；第二，中国有非常明确的农耕诉求；第三，中国有非常清晰的气候节律。节气所呈现的是什么？研究二十四节气的意义又是什么呢？不同的节气，它所表征的可以是季节，也可以是水气状态的变化，它适用于不同的地方，不仅仅是在黄河中下游地区。

2.“节气之城”维度的设计依据

“节气之城”的创建方案是根据地方政府的诉求而设定的。由节气研究院起草的评选标准在经过自然科学学者、文化学者以及标准化制定学者的多轮次审议通过后，最后成为团体标准，它是二十四节气之城创建评选的基本客观依据。

中国节气之城由“文化传承、气候天文、物候物产和特别贡献”4个创建维度组成，创建的周期每2年一次，每4年进行一次复核。

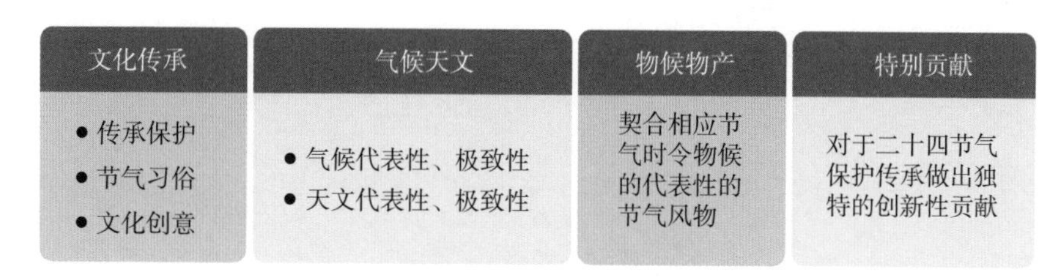

“中国节气之城”创建维度

第一项“文化传承”在整个的创建评审过程中占有最高权重。此项包含以可以看到的、可以玩的、可以吃得到的方式来进行传承的，国家级以上层级的二十四节气代表性项目，或者是代表性项目下面的扩展项目。

第二项“气候天文”是相对客观的指标，是根据中国气象服务协会发布的团体标准《“二十四节气之城”评价指标》起草绘制、精确到县级区域的高精度图谱；是用气候数据或者天文规律来诠释相应的节气气候标志；或者是源于古代的天文属性，是逐渐传承积累过程中不断修订的经典表达。以此为标准，每一个节气之城都会有相应的、量化的、精确的指标。

第三项是“物候物产”的标准，因为气候相对严谨且比较抽象，用物候物产的方式进行物化更亲近、更直接。这也是二十四节气在传承过程中，由庙堂之上最后飞入寻常百姓之家中最好的一种降维方式。物候学，用风光、风物和风俗来体现一个地方独特的时令之美。比如说春分，湖南省安仁县有赶分社，当地申报的标准名称就叫赶分社；再比如地方上用草药来炖猪脚，也是非物质文化遗产。不是说人类非物质文化遗产的层级都是高大上，一个习俗、一碗草药炖猪脚也可以是载体。

第四项“特别贡献”是指在对于二十四节气的传承保护方面做出了哪些创新性贡献。总而言之，二十四节气之城是在特定气候背景下，中国节气美学及其文化品格、文化习俗活态传承的时代范本。

“二十四节气充盈着科学的雨露，洋溢着文化的馨香，既存在于我们的居家日常，也是我们的诗和远方。”我在和各界的交流、发言中，常说这几句话，今天还用这句话作为文章的结束。二十四节气是古人智慧的展现，是劳动人民对天文、气象与物候等资源的智慧探索与挖掘运用。它不是玄学，是源于中国传统文化的一种生活指引，也是我们能够走向世界的为数不多的一个载体，我们不仅要深入研究，更要活态传承。

靠天吃饭　得天独厚

■ 金定海
上海师范大学人文与传播学院教授、博导

民以食为天，食以天为本。气象与国民经济各行各业密切相关，可以说“靠天吃饭”是大多数行业的特点，越来越多的人意识到气象数据与各行业数据蕴含着巨大经济利益和社会价值。气象万千，影响万千。气象不是一切，但能决定一切。靠天吃饭的行业若有定制化气象数据加持，机会与成效将得到大幅提升，这份“得天独厚”的优势将大大提升其市场竞争力。同时，气象数据是专业的、资源独占的、受《气象法》保护的，所以得天独厚也是“中国天气”的优势。

蹲下去，才能看见更多。气象作为环境大数据，其价值在于定制、分发、关联传播。但如果只是相关，不一定有应用价值。气象数据的价值有个前提，是该行业已经具备针对不同天气状况做出不同应对的能力。也就是说，人在拥有羽绒服后，寒冷的信息才有意义；如果没有，也无法避寒，即便有精准的天气预报，产业也是无法应对的。越成熟的行业，与天气预报相结合的想象空间就越大，比如赏花主题游、农作物保险、养殖业保险等；越极致的场景，对天气信息的需求度就越高，比如强对流天气对航空以及赛事的影响；越细分的行业，越容易激发出与气象大数据的关联性，比如将商超备货等行为细化到与天气变化相结合。

找准服务对象，明确产品定位。总体来看，信息服务方式的基本逻辑是服从于服务对象，服务对象归因于服务利益，服务利益来源于服务感受。从C端出发，气象信息服务面对的用户多为不确定受众群体，画像模糊、信息针对性弱，主要卖点为社会影响力，产品形式多为符合日常生活形态内涵的广告，以提醒、强化、养成品牌态度为主要功能，相对而言，创意的发挥空间不大。从B端出发，服务对象为可确定的企业，画像明确、信息针对性强，主要卖点为精准定制，产品形式多为解决方案，以行业或企业的产品困局为主要服务内涵，以分钟级、公里级“短时预报”和“中长期预报”等智能数据推送为功能，服务利益直接、显著。从G端出发，服务对象为地方政府，对产品在提供地域性信息服务上有较高要求，同时要求产品在对特定环境的灾难风险和环保责任上给出特别服务，主要卖点也为精准定制，其产品形式多为解决方案，以碳达峰、碳中和、乡村振兴、地方支柱产业为主要服务内涵，着力对风险评测、灾难预警、能源消耗等气象服务数据进行开发，其服务利益广泛、深远。

“融合互通 + 精准算法”助力服务升级。做好气象信息服务要从管理决策、营销沟通、数据技术三个层面入手。在管理决策方面，可打通电视、互联网、移动端等资源，将传播力量进行整合；同时，实现地域化、主题化、定制化与线上分发平台的整合，实现气象信息服务在时间和空间上的触点布局，形成新的用户价值。在营销沟通方面，建立“链式”营销传播，实现跨平台合作，建立以需方为信息服务的策划点、动态采集、多元生成、多层次传播、全天候分发的服务矩阵。在数据技术方面，要有高效精准的算法支持，实现产品在智能投放、效果评估、趋势预判、AI驱动营销上的升级，产品界面设计建议简约、人性化，减少无效点击量，增加用户体验。

在当前社会环境下，气象信息服务的独有性在悄然发生改变，在地球环境大数据的语境下，数据的种类和体量正在以几何级数增长。如何寻找气象产品与市场的对接点，挖掘合理的商业模式，是天气商业服务的根本所在。与此同时，不少行业正处在产业升级的拐点，产生了精细化运营的要求，这将进一步带动市场对气象服务产品的需求。但从短期来看，气象产品与互联网的风口效应不会很快显现，产业升级的自觉理念还需培养，气象信息的服务生态布局尚需时日，信息服务产品的同质化如何破局等都是现存问题。

“得天独厚”的利益生产是什么？归根结底是高分享性、高卷入性、高黏合性、高体验性、高持续性、高匹配性。如何做到将这些利益最大化，需要我们不断思考和探索。

上海师范大学人文与传播学院教授、博导　金定海

“中国天气”的八条品牌营销路线

■ 田涛

中国广告协会广播电视工作委员会、

AIGC 营销工作委员会执行会长

一、新政推动广告格局巨大变革

《中华人民共和国个人信息保护法》于 2021 年 8 月 20 日表决通过，此项法律的出台或许会影响上千亿元的广告投放。在广告费用重组的关键时期，广告的赛道可能要换，广告的格局可能要变，企业、媒体，广电媒体、互联网媒体被打回原形，都站在同一个赛道的同一个发令枪下。

数字广告营销将会受到很大冲击，但整个数字营销还是有相当大的前景。那么，机会在哪儿？机会在于千亿元广告费用的重组，在于广告主的重新思考。当品牌不能精准转换，不再能用个人信息做营销时，品牌反而变得重要了，消费决策的链路会重归品牌建设。

二、变局之下广告营销的新机会

《中华人民共和国个人信息保护法》推动广告环境得到净化，效果类广告受到严重的挑战，品牌要取得信任，广告投放会进一步流向品牌建设型媒体，就像拼多多通过长期在 CCTV-1 投放广告去争取消费者的信任一样。

广告格局的改变，使效果广告的效率下降，品牌广告的效率上升，两者相结合能够让品牌重归大屏，品牌建设重归有影响力、有权威性的大屏。

品牌建设需要注重消费者的期待。品牌价值已经从使消费者得到物质的满足转向获得精神的满足。消费者在关注产品本身功能的同时，追求更加高效、更加环保，甚至超过关注这个产品本身，这是一个不可忽视、不可终止，也没有办法停下来的进程。

品牌与消费者的沟通接触点在转移上，由普通的传播接触点向服务接触点转移。品牌建设需要关注这一变化，举例来说，户外广告价格上升最快的是停车场进出的杆，等待杆起的时候，消费者的注意力完全在杆上，杆动车走，此时消费者正在被服务。“中国天气”恰好符合这个优势，《天气预报》栏目非常权威，也极具服务性，而且这个转移相当稳定。“中国天气”将资讯服务变成有价值的传播，变成载体，搭载品牌，面向社会，面向全球，面向更大的一个范围传播，这是一个更好的延伸。

品牌建设需要形成规模。2016~2020 年，广告主在央视投放的预算越来越集中。所以此次广告费用重组有利于大屏，有利于具有服务价值的媒体。“中国天气”将继续推动资讯类传播的上升，保持收视率高位，众多品牌将重回大屏怀抱。

三、变局之下　未来营销的走向

像“中国天气”这样有价值的主流大屏，要坚持走八条路线，一定会与众多品牌携手创造更精彩的未来。

中国广告协会广播电视工作委员会、AIGC 营销工作委员会
执行会长　田涛

第一是坚持品牌化的道路。推动产品品牌化、服务品牌化，继续扩大影响力，持续打造“中国天气”品牌。

第二是坚持大平台战略。“中国天气”可以继续拓展与国家级大平台的合作。权威性、公信力、领导力一个都不能少，这是品牌化道路不可缺少的组成部分。

第三是坚持跨平台的融合。做到内部的一体化与外部的融合化。

第四是把握政策变化带来的历史机遇。广告投放重组机会是同等的，“中国天气”营销团队、内容团队需要认真研究，找出对策。

第五是进一步解放思想。让“中国天气”的营销策略更加灵活，更加市场化，更加服务化。

第六是多元合作，多维共赢。“中国天气”所能提供的不仅是广告方面的合作，还要能够形成独特的文化内涵。

第七是唯有创新，方可发展。坚持创新，敢于创新，能够创新。

第八是坚持品牌建设。品牌战略工程是自上而下、从始至终要坚持住的战略，要持之以恒、坚持不懈，把“中国天气”品牌建设的路走下去，做成“百年老店”。这是“中国天气”做百年品牌、中国品牌的必经之路。

构筑企业品牌护城河

■ 赵梅

央视市场研究（CTR）总经理

一、广告主信心稳定，中国品牌引领广告市场增长

2023 年 CTR 广告主营销趋势调查显示，近年来广告主信心较为稳定，对行业发展前景和企业经营情况都有一定的信心，但也不会盲目乐观，他们意识到了内部“性能调优”和“提质增效”的重要性。

这其中，中国品牌在广告营销预算投入上有较高的积极性，同时也更加科学理性地制定媒体策略和进行传播渠道的选择。根据近 10 年来的数据分析，广告投放排名前 20 的品牌几乎一半是国产品牌，近两年国产品牌广告投放比例更是达到了 80% 以上。可以说，中国品牌是中国广告市场增长的主要引擎，支撑了中国广告市场的稳定和高质量发展。

从中国品牌的主要投放渠道看，电视媒体所带来的公信力可以满足消费者对于安全感和高质量的心理需求，且电视媒体的强覆盖力能够帮助企业广泛传播。因此，电视广告仍然是其最信任和最主要的选择。央视作为电视媒体的优秀代表，越发受到广告主青睐。近年来，在电视广告预算分配结构中，央视占比不断提升，从 2019 年的 32% 上升至 2023 年的 39%，并被广告主认为是品牌和公信力背书不可或缺的媒体。无论是大国企品牌还是急需突围的新锐国货品牌，都看好央视平台的价值优势。

二、以品牌和内容力应对变数和不确定性

虽然行业复苏趋势不可逆转，但我们对新的传播环境带来的变数和不确定性仍然要有足够的重视。一是用户分散，容易陷入无法聚焦的传播陷阱；二是

流量束缚，资金投入与效果不能成正比；三是《数据安全法》《个人信息保护法》的相继实施，标签化与个性化追踪的互联网传播将会受到非常大的冲击，广告的定向精准性将会受到影响，对效果类、私域类营销的影响更为明显。

因此，广告主有了回归品牌的意识和趋势，品牌是营销传播可以做到“形散神不散”的最佳手段。品牌是效果的前提，也是达到最终效果的重要手段。当个性化投放受限时，品牌营销必将重启。即使在短视频、直播、私域营销的概念下，品牌也是吸引流量、引爆销量的不二选择。品牌的积累更是企业自身发展和立于不败之地的坚实基础。

内容力是兑现营销价值突破的关键。未来品牌和企业的合作方式将不单单是做一个广告，然后选择一个平台投放，而是将企业需要传播的信息与媒体的内容板块相融合。从插拔式的“插座型”合作，转向不可分割的“耦合型”的合作方式。

三、媒体服务化转型，助力融媒服务生态构建

随着营销传播的不断进化，媒体将会从传播化转向服务化。企业越来越像一个媒体，媒体也越来越像一个企业。媒体发展的大趋势是要打造一批形态多样、手段先进、具有竞争力的新型主流媒体，形成多元融合发展的现代传播体系。媒体的功能也将经历从大众传播到吸引流量，再到现在服务化、商业化的转变过程。未来的媒体会像企业一样向市场提供服务，包括信息服务以及信息相关的增值服务，这样的服务是全方位的、全链条的，也是更具开放性的媒介生态。这样的服务要围绕用户思维和客户需求展开：一方面为企业提供相关服务；另一方面将服务附加上企业相关的品牌价值，甚至是多家联合在一起形成更为融合互通的品牌增值。其实，我们也可以理解为形成了一个独特的营销传播产品，基于媒体平台的独有价值为企业品牌进行个性化塑造。

四、“天气服务”，筑牢企业品牌的护城河

在生活类服务里，天气服务自然是最重要的，它影响人们衣食住行的方方面面。此外，中国传统的二十四节气也和我们的日常生活紧密联系，每个节

气都要食用应季的食物，对应不同的养生方法、防治疾病的手段，对人们的生产、生活具有极高的关注度和指导性。这些内容和品牌如果能有效实现连接和互动，尤其是对于中国品牌，就可以形成与博大精深的中华文化一样“浸润式”的传播。

央视市场研究（CTR）总经理　赵梅

“中国天气”也是一个具有独特价值的品牌产品，可以助力不同企业实现品牌价值高效传播和积累，这既是媒体价值的体现，又是企业品牌价值的体现。“中国天气”更是一个服务资源的整合者，帮助品牌一起创造服务场景，实现从媒体平台到品牌共生，再到社会服务的积极转变。相信如果企业能主动与“中国天气”媒体平台一起共谋打造个性化的、独特的 IP 产品，一定能实现“1+1 > 2”的效果。

顺应时势　突破创新

■ 周伟

中国广告协会学术委员会常委

随着市场环境的急剧变化，企业营销方式持续升级，新的营销需求更是层出不穷。面临新形势、新需求与新挑战，洞察市场需求，发挥整体优势以及精准快速出击正是媒体营销制胜的不二法门。

一、市场营销三大关键点

企业的营销方式正在发生全新变化。近年来，“品牌—广告—渠道—价格战”的传统营销方式逐步向电商化、内容化、关系化乃至体验营销转变。具体来看，传统营销方式的关键在于平台，尤其是以电视为代表的顶级媒体；随着电商的进入，企业持续发力天猫、京东等搜索电商、平台电商，企业营销加速向数字型广告转移；在传统搜索电商增长难以为继的情况下，企业进而转向内容化、关系化以及体验营销。其中，今日头条、抖音、小红书等平台借助内容化营销迅速增长；金融、大健康等行业借助营销空间更大的关系化营销做用户会员、直播；体验营销则更胜一筹，公益化营销、搭载政务营销是目前增长最快的营销热点。未来，企业最重要的是使用好自己的品牌，用好自己的内容，圈住自己的粉群。

多元化的品牌需要精细化的营销。不少企业的品牌非常多元化，涵盖国内品牌和国际品牌、引领品牌和挑战品牌等众多品牌的整合运用。市场营销的关键就在于能否精细化地匹配客户需求，对应客户需要搭载不同的服务产品。比如在欧洲杯期间，银弹品牌可以通过品牌联名的方式快速提升主品牌，借助《天气预报》这种快速闪现的媒体能得到很好的展现。此外，第五批国家级非物质文化遗产名录体现出针对少数民族地区、收入较低的地区，涉及产业链广及人群多等特点，目的就是要让老百姓挣到钱，这些品牌正是未来品牌营销的主战场。

品牌共享正成为品牌营销趋势。2019 年是品牌联名的元年。品牌联名的作用不是带货，而是把两个不存在竞争关系的品牌联合起来圈用户。品牌联名包括 IP 化联名、“品牌 + 品牌”联名、“品牌 + 机构”联名三大类别，针对不同的联名形式要创造全新的价值。快速闪现多版本的广告特别适合《天气预报》，特别是季节性产品、爆款产品、短时期产品，可以与天气结合起来，打造联名产品。

政务和社会治理视角的公益主题。第五批国家级非物质文化遗产助力区域发展，扶持小微企业。媒体要紧跟宏观调控，搭载公益进行商业化传播，只有搭载公益主题的传播才是更有传播力的传播。除此之外，借用公众情感，在私域媒体搭载情感的传播力非常强，与天气结合可能会有更炫酷的玩法。

二、市场营销新需求

市场环境和市场需求千变万化，顺应时势，突破创新方能长远立足，“中国天气”正是如此。气象服务具备公益属性，能满足“搭载政务公益”需求；《天气预报》有科普的功能，属于内容营销的范畴，能满足“知识营销”需求；天气变化能带来热点话题，匹配“话题营销”需求；“中国天气”打造自身 IP 的同时也帮助客户打造 IP，满足“IP 化营销”需求；“中国天气”拥有金名片工程、主持人等众多优势资源，匹配“媒体品牌背书”需求；“中国天气”的制作成本和速度等都优于传统广告，碎片化小单让企业有体验机会，符合“多版本数字化优化”需求。此外，还有“大屏—线上—现场融合营销”需求、“场景化营销”需求、“情感化营销”需求、“共享联名”需求等，“中国天气”正在以开放包容的姿态拥抱全新的变化。

三、“中国天气”四大优势

“中国天气”是中国气象局强势打造的国家级气象服务品牌，集四大优势于一体，助力“中国天气”实力出圈。一是“中国天气 + 强势媒体 + 黄金栏目”赋予的**强大品牌背书**。“中国天气”本身是强势品牌，合作的也是强势媒体的黄金栏目，强大的品牌背书能力是其独有优势。二是“多种媒体+多元广告产品+低成本制作”能够**满足多元需求**，背书性强、贴身性强，能为客户提供定制化的贴近服务。三是“资讯+场景+情感+公益+政务+话题”融合打造的**创新深度传播**，在内容化营销方面,“中国天气”无与伦比。四是“领导重视+ALLIN 投入+不断创新+专业真情服务”带来的**极好的价值体验**,“中国天气”的自我创新能力及投入性极高。

道阻且长，行则将至。以榄菊、快克为代表的众多客户已经体会到“中国天气”独特的品牌魅力，相信在新营销形势下，“中国天气”的营销价值和客户认可度将会不断提升，进而能打造出更多、更好的经典案例。

中国广告协会学术委员会常委　周伟

天气营销的“热点”公众效应

■ 林如海
碧生源控股有限公司副总裁

说起品牌传播，甲乙双方的共同话题就是借船出海、蹭热点。

在当下媒体传播环境中，海量及碎片化的信息无疑给广大的目标受众群带来了实惠、速度和丰富。消费者可以在购买商品前，快速、便捷地掌握几乎全部的相关商品信息，从而全方位比较衡量，比商品价格、比商家服务、比品牌号召力。这时候品牌方就迫切需要一个热点平台，最好常热不衰，最好每天都有，最好是从形式到内容都被所有人关注的媒介。对于企业而言，做品牌最理想化的梦想，就是天天有热点，天天蹭热点。

天气营销应运而生，越来越多的品牌方也关注到了天气营销。

近年来，天气营销长足的进步有目共睹。从轻松的预报，到严肃的预警；从高科技化的云图动画，到二十四节气的传统文化，无不在这个小小的窗口得以呈现，并实现创新升级和发扬光大。天气已成为百姓每季、每月乃至每天的热点话题，与人民群众的工作、生活乃至各行各业的运行发展息息相关。

在未来的一个时期内，天气营销的传播热点效应会直接影响、吸引如下几大产业：

第一，文化旅游业。现今的旅游业已经成为各地政府行为，而且其信息的输出已经从以前的单一招徕演变为现在的生态美景、文化历史、城市形象、区域美食等文旅资源的全方位展示。每一个城市、每一个景点，都需要一张“金名片”用来告知天下、创造舆情、吸引天下宾朋。而“中国天气”独特的《天气预报》电视资源，从播报形式上来说能展现“城市名片”的形象，从播出平台上来说更能体现国家级媒体平台的“含金量”。

第二，大健康产业。天气与人民群众的健康水平和生活舒适化程度密不可分。“中国天气”的二十四节气研究院便是从“天人合一”的中国传统哲学思想体系中撷取了养生和四季的关系、养生和全国地理的关系、养生和当地物产的关系等科普知识，令人耳目一新。结合行业进行的专项研究，深入挖掘行业发展中与气候节气、民俗风俗的结合点，更是对大健康品牌有着无穷吸引力，与大健康产业的消费者画像高度重合的观众群，也为产品落地奠定了消费基础。

第三，传播活跃度高的知名品牌。目前，知名品牌在传播中所面临的痛点，主要在于传统模式的广告与新媒体输出这两者之间的衔接性问题。天气营销的丰富内容和多样形式，恰如顺水行舟。热点效应所带来的风潮，一定是到达率高、转化率强、ROI 超值。这给本来就着重于宣传的品牌方开拓了新思路，加上知名品牌本身就具有一定口碑，只需在天气营销的大平台上做简单的露出，就可以大大增强品牌活跃度，充分黏合线下消费者，完成品牌强力输出的续航。

总而言之，天气营销的密码在于日活，也在于受众面广，在于受众量大，更在于内容形式不断地更新迭代。用好“天气热点”，保持持续公众效应，天气营销的未来之路将会更长、更稳和更远。

碧生源控股有限公司副总裁　林如海

（产品 × 渠道）+（品牌 × 传播）=用户资本

■ 陈特军
骏丰健康集团 CMO 士力清董事长

一、品牌营销遇到的流量与常量问题

随着市场环境的变化，过去两年，流量焦虑和品牌变量成为企业家和营销人最大的问题。

第一个是流量焦虑。不管是线下流量还是线上流量，都存在流量交易的问题。近几年，总有产品用一两年的时间就能做到销量过亿元的效果，可是一旦受到冲击，短时间内产品销量就可下跌 90%，这是因为它是通过流量投放出来的，因流量而起，因流量而跌，没有所谓的品牌和真正的渠道。随着流量红利下降，根本无法做到品效合一。

第二个是变量的困惑。很多品牌在追求变化，其实品牌最重要的是明确什么是不变的，也就是营销上的常量。下面将围绕“（产品 × 渠道）+（品牌 × 传播）= 用户资本”这个公式，具体来解析品牌的常量与变量：

首先是产品和渠道。好的产品没有销售渠道是没有意义的，仅有销售渠道没有过硬产品也会是昙花一现，所以产品加渠道是第一个基础。

其次是品牌和传播。没有传播就没有品牌，品牌是属于消费者的，并不属于广告主，没有大众的认可，品牌就没有存在的意义。

渠道和传播是变量，产品和品牌是常量。过去十年里诞生了至少 6 种主要渠道，从最早的批发市场到多级分销，再到电商、商超、直营、现在的新零售，渠道在不断发生变化。传播也是如此，从门户网站到搜索时代，从博客、微博到微信公众号、短视频，传播方式发生了重大变化。但不变的是产品和品牌，这也是最核心和最重要的，所以品牌是最好的护城河。

骏丰健康集团 CMO 士力清董事长　陈特军

最后品牌是流量焦虑的"解药"。以前在抖音上能赚钱的都是没有品牌的商品，通过"低价＋流量"获利，现在还能赚钱的基本上都是品牌商。说到底，品牌资产和用户资产是企业最有价值的无形资产，甚至是企业最有价值的资产。

二、塑造品牌把握好"六度"

蓝莓六度品牌地图

如何塑造品牌、品牌的路径在哪里？来看蓝莓六度品牌地图。

品牌第一个度是精度，即精准度，这是品牌的原点，也是品牌的定位。品牌定位的核心是要精准触达用户，把核心标签植入用户心智里，所以要精准触达。

品牌第二个度是高度，所有商业组织最核心、最重要的是持续盈利，企业只有树立了品牌价值和理念才能持续发展，否则早晚会被大众所摒弃。

品牌第三个度是厚度，营销的本质是获取信任。当消费者相信品牌的时候，任何产品都会让消费者产生消费冲动，这就是品牌信任问题。而获取品牌信任最快的途径是权威背书。

品牌第四个度是温度，即讲功能、讲情感。尤其是“95 后”和“00 后”的消费群体，他们更多追求的是情感满足、情感关怀，而不是生理上或者物质上的诉求。

品牌第五个度是热度，品牌热度就是不断地跟用户做沟通和传播，不断地刷品牌存在感。

品牌第六个度是黏度，想要与用户有黏度，就要规划好品牌的私域，利用传播工具，与用户产生链接。在此方面，企业版微信从真正意义上跟用户建立了链接，能产生黏度，从而有可能实现私域传播。

三、剖析“品牌六度”的用途与作用

（一）品牌精度：占领用户心智认知

品牌是一种认知。品牌事实上是什么样的不重要，重要的是消费者认为品牌是什么样的。所有品牌需要把认知植入给消费者，让认知大于事实。举个例子，消费者认为沃尔沃是安全的车，宝马是驾乘体验好的车，奔驰是尊贵的车，那奔驰和宝马就不安全了吗？不是的，是沃尔沃品牌把安全这个认识植入消费者的心智当中，无处不在地提醒消费者沃尔沃是安全的。

需要注意的是，消费者心智就像一个停车场，给每一品类的事物只留了 1~2 个车位。比如洗发水，提到海飞丝想到去屑，提到飘柔想到柔顺，每个标签对应的只有一个品牌，基本上没有第二个。如果品牌占据了消费者预留给这个品类的位置，其他品牌只能差异化发展。

品牌定位怎么才能精准？第一是对人群进行分析，要对消费人群画像，先定性再定量，把目标人群确定好，分析其购买、行为、心理、触媒等习惯。第二是分析消费者的心智标签，从影响力和可行性两个维度去考量，比如影响消费者购买的核心要素有哪些，是否有可行性的影响路径。

以“中国天气”为例，其可为品牌的精准化定位上做一些数据挖掘。“蚊子地图”不仅是消费地图，也是开发产品的地图，聚焦于哪里蚊子多，品牌可以着重发力。

（二）品牌高度：梳理价值理念

做企业要把品牌高度拉起来。价值理念有两个方面：第一个是普世价值，第二个是为国为民，比如说汤臣倍健叫“管理健康”，抖音叫“记录美好生活”。

“中国天气”品牌理念

如果跟“中国天气”合作，对于品牌高度的提升是毋庸置疑的。首先“中国天气”是国家级的权威平台，不管是体育天气、军事天气，还是农业天气，“中国天气”是在为国分忧，具备国家高度。品牌要建立高度，就要跟高度同行，与国同频、与民共振，所以品牌跟“中国天气”合作有利于提升品牌高度。

（三）品牌厚度：建立信任背书

信任比环境更重要，品牌的目的是为了获取信任。获取信任、获得背书的方法有五种——天、地、人、技、法。“天”是天时；“地”是权威机构的背书；“人”是权威形象的支持；“技”是技术力量；“法”是解决方案，是一种理念。

和“中国天气”合作，能够赋予品牌时间厚度，这是“天”；“地”：可以得到中央气象台、中国天气·二十四研究院权威机构的加持；“人”：可以邀请宋英杰老师做产品大使；最后是理念和解决方案，就是如何使用背书，在哪些方面去提升企业背书。背书越强大，消费者信任速度越快，销售量、市场占有率增长得就越快，反过来有资金支持就能提升技术研发、产品和服务，品牌的竞争力也会越强。

（四）品牌温度：具备情感关怀

物质消亡很快，而情感更经得起时间考验。“中国天气”的情感关爱体现在把天气常常告诉老百姓，风也好，雨也好，冷也好，暖也好，“中国天气”都会去关心，这些能够给社会带来温暖和爱的情感价值是不可替代的。

（五）品牌热度：积极传播沟通

品牌可以通过“话题性 + 优质内容 + 公关事件 + 媒介”四种传播方式建立存在感，制造热度。

“中国天气”能够做到全民热议、内容聚众、传播广泛，其话题储备非常多，阴晴冷暖都是话题。“中国天气”的内容性也很强，像“节气之旅”不仅能产生大量的内容，内容还能产生热度。而且“中国天气”的媒介平台很强大，可以跨平台、跨国界。

（六）品牌黏度：与用户产生真正链接

品牌黏度同样有四种方式与用户产生真正的链接：第一是以品黏人，好的产品可以留住用户，差的产品只有一锤子买卖；第二是以人黏人，直接面对用户的是客服，再加上人工智能的辅助，客服可以直接与 2 万 ~5 万个用户产生直接链接，所以让人链接人变为可能；第三是内容黏人，优质内容通过官方抖音号、快手号、小红书号和视频号留住用户，并产生互动；第四是社群黏人，建立属于品牌的主题社群，像榄菊，将有虫害烦恼的人拉进驱蚊虫社群，不管哪种蚊虫都能提供解决方案，还可以私人定制，定期发驱蚊产品，为消费者提供服务和优惠。

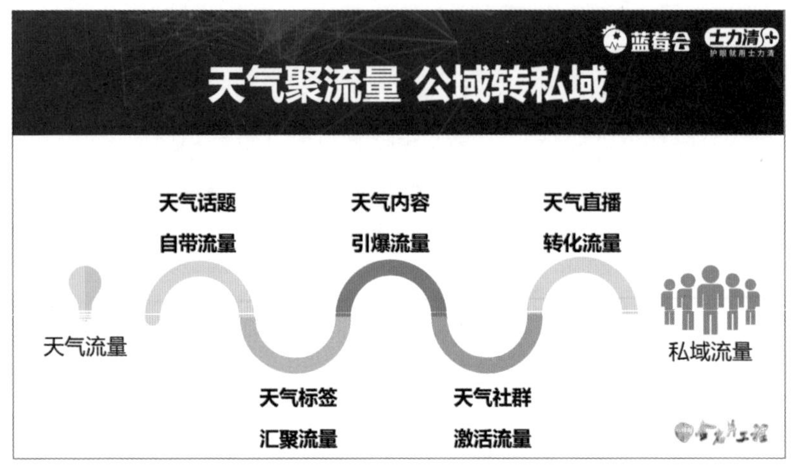

“中国天气”流量转换路径

“中国天气”的天气话题可以聚流量，将公域转私域。天气话题本身自带流量，同时天气标签也能汇聚流量，然后天气内容引爆流量，天气社群激活流量，天气直播能转化流量。

与其追求变化，不如笃定不变。品牌营销的方法会变，但营销规律不会变。品牌塑造应当着眼于寻找规律，实现营销目的。

认知篇

风回曲院　春光尽现

媒介生态环境鱼龙混杂，探析宣传趋势把握市场。

宣传趋势与前瞻分析

围绕“中国天气”品牌特性与资源特点，我们分别从政府宣传趋势与投放需求、地方气象局新媒体账号运营情况，以及主打节气 IP 的科学考察活动三个层面开展市场调研，进而实现精准品牌营销。

CCTV《新闻联播》后《天气预报》栏目位列收视榜首

■ 政府宣传分析报告

当前，政府宣传快速复苏，市场形势整体利好。本部分综合多项数据指标，对近年来政府宣传的整体投放情况、全媒体投放分布、电视媒体投放分布等方面进行全面深入分析，得出如下洞察结果。

一、政府宣传整体投放情况

（一）政府宣传整体趋势

政府宣传快速复苏，市场形势利好。2019~2022 年，政府全媒体广告刊例花费同比呈现由负转正、由缩减到增加的趋势。

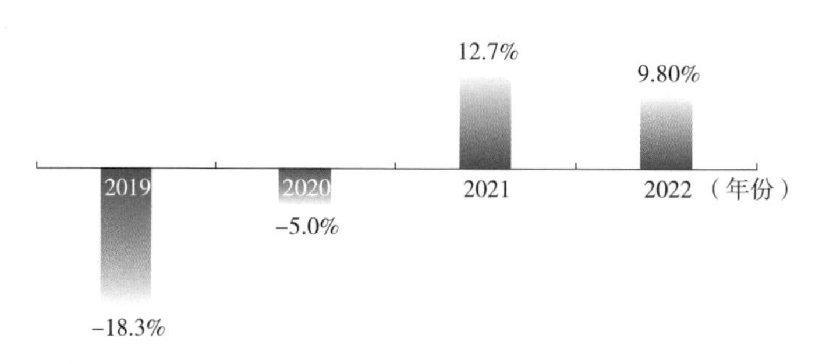

2019~2022 年政府全媒体广告刊例花费同比变化

通过宣传拉动经济复苏是政府的最优之选。借助主流宣传平台提升消费者信心、强化区域品牌认知是政府宣传的主要任务。通过政府宣传拉动旅游和本地产品销售则是最为容易和行之有效的方法，效率高、见效快、相关管理部门容易接受和审批。

（二）政府宣传现状及目的

通过对全国 139 个城市的分析得知，**城市 GDP 总量与政府宣传费用总体呈正相关**，GDP 总量越大的城市其政府的品牌意识越强，宣传力度越大，宣传花费也越高。

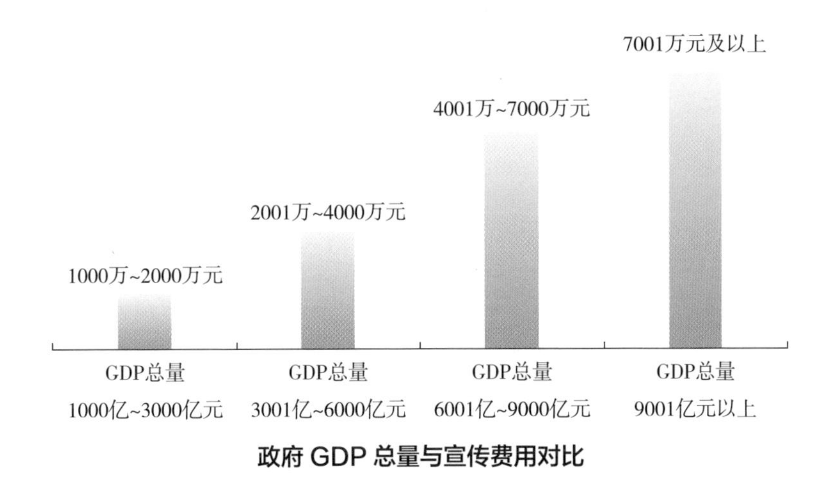

政府 GDP 总量与宣传费用对比

政府宣传目的以提升区域政府形象为主，并逐步由宣传区域旅游景点向提升区域品牌形象转移，将区域内各个旅游景点、餐饮、农特产品整合起来，专业包装后进行整体宣传。

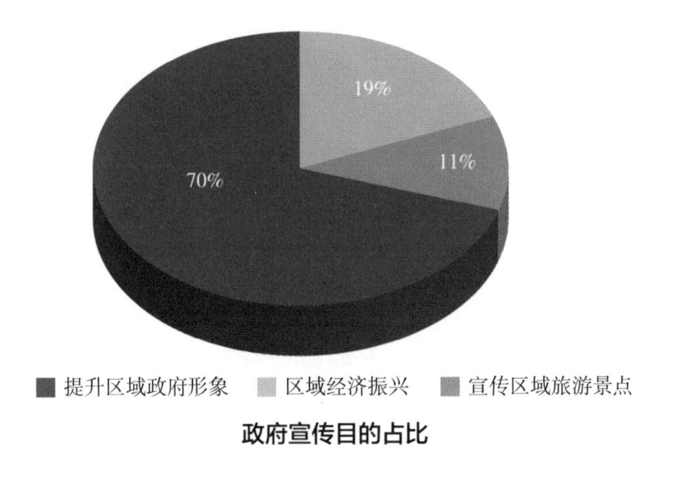

政府宣传目的占比

二、政府宣传全媒体投放分布

电视媒体是政府宣传的中坚力量。2022年，在政府宣传费用中，电视媒体广告刊例花费占比高达85.8%，占据绝对优势，电台、报纸、互联网等媒体花费总额不足15%。

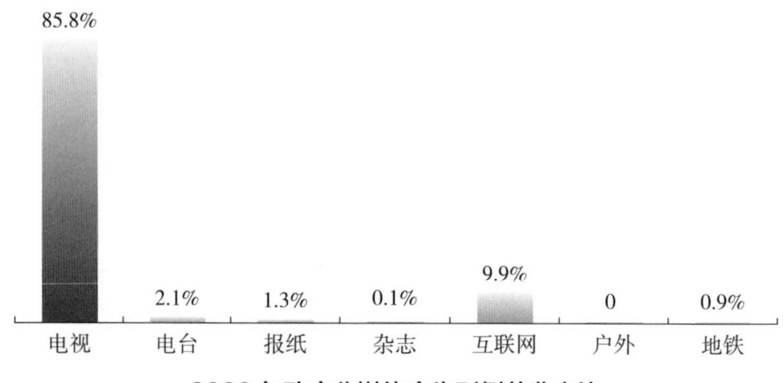

2022年政府分媒体广告刊例花费占比

三、政府宣传电视媒体投放分析

（一）政府宣传各级电视台投放分布

中央广播电视总台是政府宣传工作的主要阵地和主流渠道。政府宣传的主要价值构成表现在以下四个方面：

（1）传播平台的品牌背书能力。由平台的权威性、影响力、公信力构成，是政府传播平台的核心价值。

（2）传播平台的覆盖能力。在最大范围内用最快的速度把信息传递给公众，构成政府传播工作的重要价值。

（3）新闻栏目的内容高度和及时性。政府宣传工作结合国家级新闻栏目的优质内容，引发公众对政府宣传内容的高度关注。

（4）传播资源优质的性价比。保证政府宣传工作的有效性、连续性和可操作性。

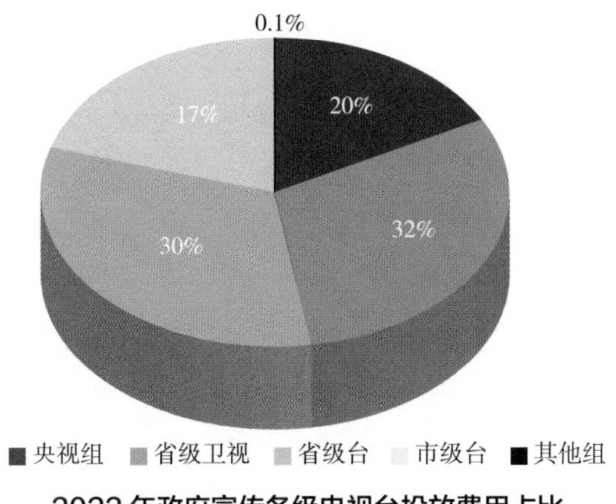

2022 年政府宣传各级电视台投放费用占比

（二）政府宣传中央广播电视总台投放分布

CCTV-1 和 CCTV-13 的新闻栏目是政府宣传的传播制高点。2022 年，CCTV-1 和 CCTV-13 的政府宣传费用占比达到央视整体费用的 74.9%，政府宣传费用中有 66.4% 是投放到新闻栏目中，以建立公众对政府工作的信任度与满意度，使政府宣传效果最大化。

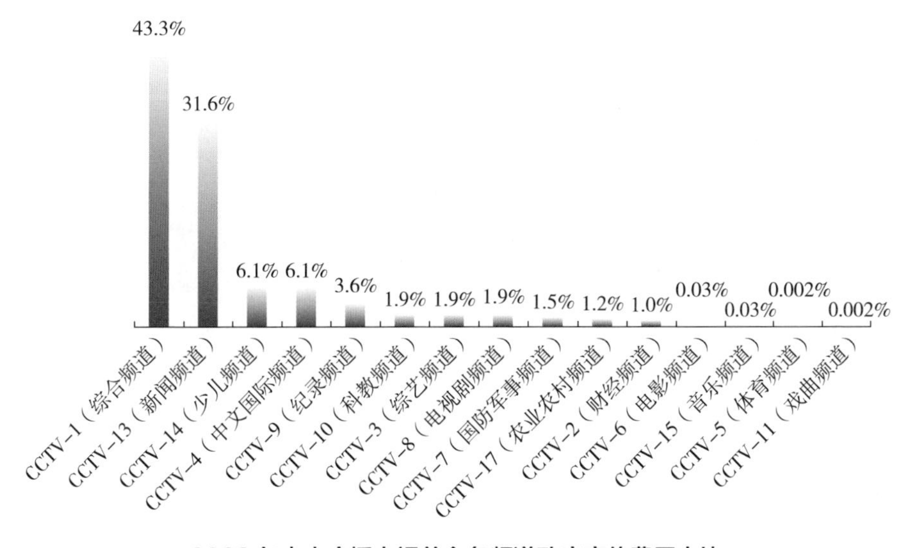

2022 年中央广播电视总台各频道政府宣传费用占比

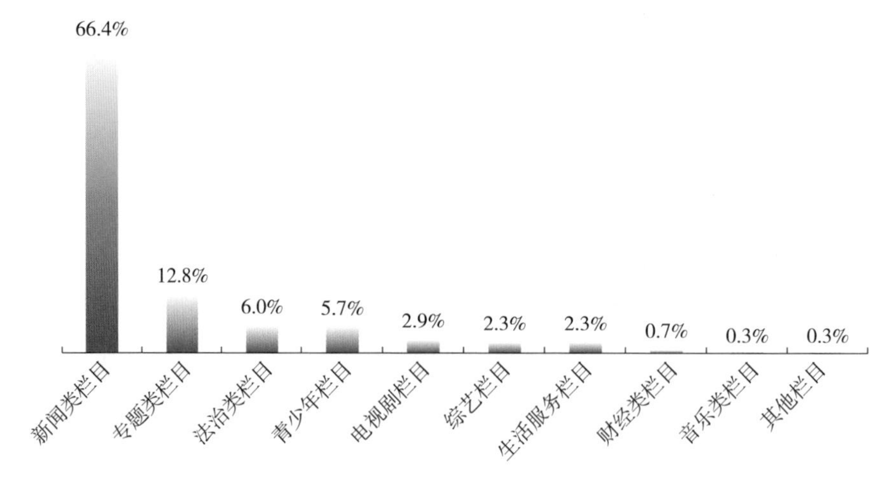

2022 年中央广播电视总台政府宣传费用 TOP10 栏目费用占比

（三）CCTV-1 综合频道收视分析

总台综合频道（CCTV-1）2022 年收视份额全国上星频道第一，创 8 年新高。2022 年 CCTV-1 年均收视份额 4.32%，创 8 年来最高值，在全国上星频道中排名第一。2022 年 CCTV-1 观众规模达 10.56 亿，是全国唯一一个电视观众规模超 10 亿的频道，观众平均忠实度创 10 年来新高。

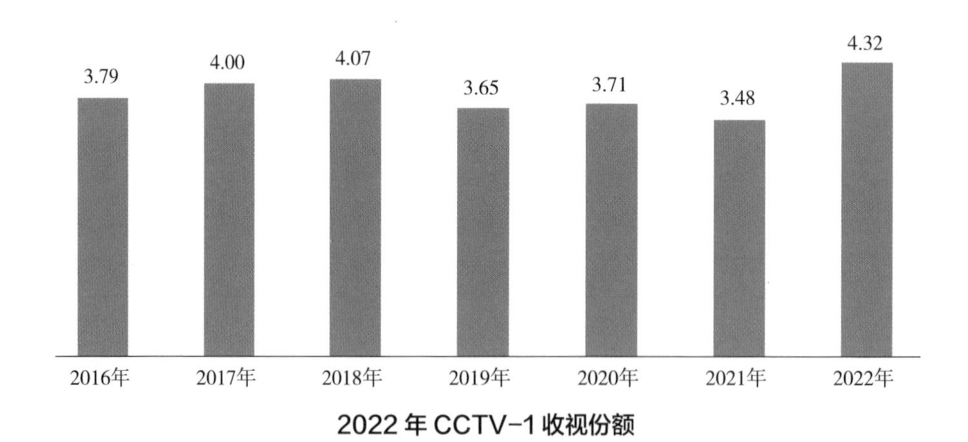

2022 年 CCTV-1 收视份额

CCTV-1 观众结构持续优化拓展，2022 年，各年龄段收视率均有不同幅度的提升，其中 15~24 岁观众收视率同比增长 45%，大学以上学历观众收视率同比增长 26%。

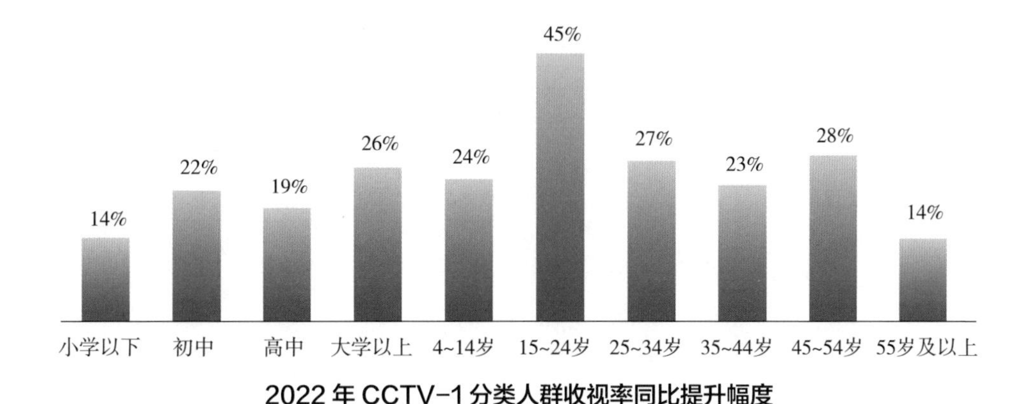

2022 年 CCTV-1 分类人群收视率同比提升幅度

CCTV-1 重大节日收视表现亮眼，各大晚会及节日特别节目收视创新高。2022 年，CCTV-1 春节假期 7 天平均收视份额为 11 年来同期新高，日均观众规模约 2 亿人；清明假期 3 天平均收视份额为 7 年来同期新高；五一假期 5 天平均收视份额为 8 年来同期新高；端午假期 3 天平均收视份额为 8 年来同期新高；中秋假期 3 天平均收视份额为 2 年来同期新高；国庆假期特别编排多时段收视率在全国上星频道排名第一。

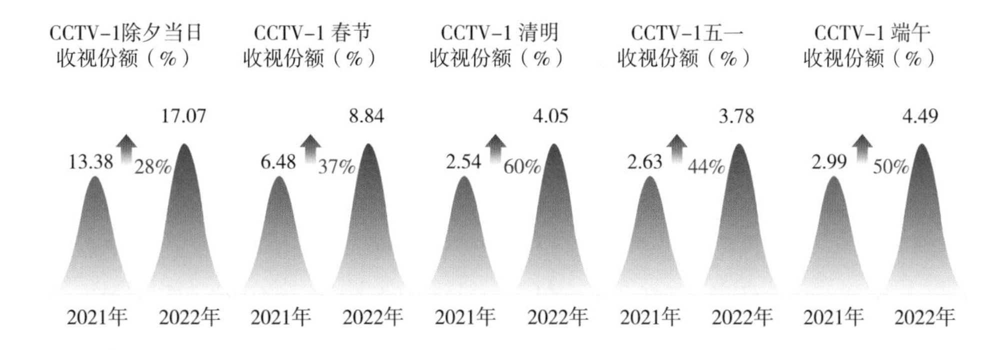

CTR（央视市场研究）通过 2023 年行业观察数据监测统计，对主流媒体机构网络传播力进行评估，形成 2023 年网络传播力榜单，中央广播电视总台以 95.2 的高分位列网络传播力排名第一。

2023 年主要央媒网络传播力评估结果

排名	评价对象	综合得分
1	中央广播电视总台	95.2
2	《人民日报》	82.6
3	新华社	67.1
4	中新社	63.1
5	《中国日报》	53.0
6	《光明日报》	52.6
7	《经济日报》	51.8
8	《求是》	50.0

（四）中央广播电视总台 TOP20 栏目收视

在中央广播电视总台收视率 TOP20 栏目排行中，CCTV《新闻联播》后《天气预报》栏目位列榜首。《午间新闻天气预报》《中国新闻天气预报》等气象栏目也都名列其中。

2022 年中央广播电视总台 TOP20 栏目收视

序号	栏目名称	频道	类别	收视率（%）	市场份额（%）
1	CCTV《新闻联播》后《天气预报》	CCTV-1+13	生活服务	3.05	13.71
2	《新闻联播》	CCTV-1+13	新闻 / 时事	2.30	11.339
3	《焦点访谈》	CCTV-1+13	新闻 / 时事	1.82	7.845
4	《共同关注》	CCTV-1+13	新闻 / 时事	1.15	7.540
5	《中国舆论场》	CCTV-4	新闻 / 时事	1.02	4.214
6	《新闻直播间》	CCTV-1+13	新闻 / 时事	0.96	6.985
7	《午间新闻天气预报》	CCTV-1+13	生活服务	0.97	11.67
8	《今日亚洲》	CCTV-4	新闻 / 时事	0.86	3.817
9	《海峡两岸》	CCTV-4	新闻 / 时事	0.78	3.353
10	《一起向未来》	CCTV-1	新闻 / 时事	0.77	5.941
11	《朗读者》	CCTV-1	专题	0.77	2.816
12	《今日关注》	CCTV-4	新闻 / 时事	0.75	4.651

续表

序号	栏目名称	频道	类别	收视率（%）	市场份额（%）
13	《俄乌局势突变》	CCTV-4	新闻 / 时事	0.72	5.240
14	《领航》	CCTV-1	专题	0.72	3.162
15	《绝笔第二季》	CCTV-4	专题	0.69	2.794
16	《中国新闻天气预报》	CCTV-4	生活服务	0.54	3.930
17	《中国新闻》	CCTV-4	新闻时事	0.59	3.393
18	《深度国际》	CCTV-4	新闻 / 时事	0.58	3.179
19	《诗画中国》	CCTV-1	专题	0.55	2.534
20	《国家记忆》	CCTV-4	专题	0.54	2.606

“中国天气”以CCTV《新闻联播》后《天气预报》栏目为核心，全面打通CCTV-1、CCTV-2、CCTV-4、CCTV-5、CCTV-7、CCTV-新闻、CCTV-17等频道，全天播出的《天气预报》栏目时长为378分钟，广告时长超70分钟，构建了全天候、全频道、全时段、全覆盖的电视资源格局。

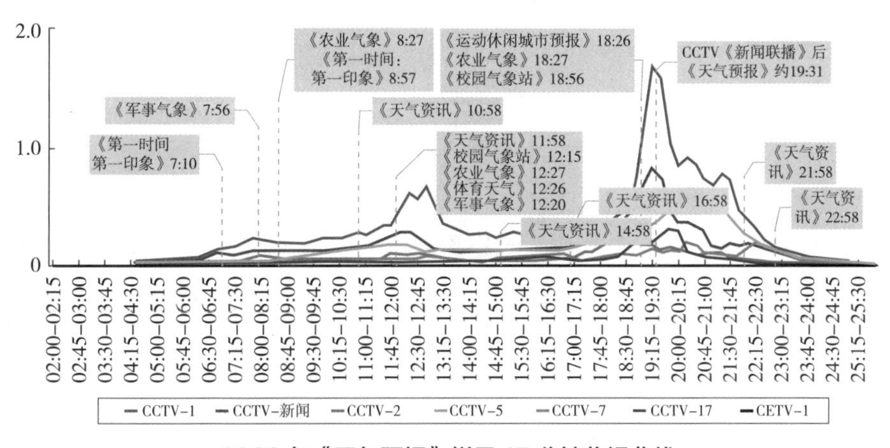

2023年《天气预报》栏目15分钟收视曲线

地方新媒体宣传百花齐放

■ 全国气象资源调研报告

本报告针对全国优秀气象媒体资源运营案例的发展现状与发展趋势进行全面深入分析，形成以下深度洞察。

一、研究背景及意义

2020 年 9 月 25 日，中国气象局召开专题会议，要求深入学习贯彻习近平总书记有关重要指示精神，科学把握媒体融合发展的趋势和规律，明确推进气象媒体融合的发展思路和具体举措。加强传播手段建设和创新，不断提高气象新闻舆论和科普宣传的传播力、引导力、影响力、公信力。

党的二十大报告指出，要加快构建新发展格局，着力推动高质量发展。《气象高质量发展纲要（2022—2035 年）》提出构建气象融媒体发布平台，建设覆盖城乡的气象服务体系。推进公共气象服务均等化，加强气象服务信息传播渠道建设，实现各类媒体气象信息全接入，使气象服务覆盖面和综合效益大幅提升。

通过对全国优秀气象媒体资源运营案例的梳理，可为全国气象媒体资源的未来发展提供借鉴，推动气象媒体融合向纵深发展，扩大气象媒体传播力、引导力和影响力，对气象媒体资源实现高质量发展起到重要的推动作用。

二、全国气象媒体资源分析

通过对前期走访调研（覆盖广东、广西、江苏、浙江、福建、黑龙江 6 个省份）与气象媒体资源样本调查（覆盖北京、上海、河北、四川等 14 个代表性地区）的研究成果进行综合分析，深入挖掘气象媒体资源运营的发展痛点与需求，从传统媒体气象资源、新媒体气象资源、气象服务产品资源、气象服务活动资源四个维度出发，分析全国气象媒体资源运营特点与发展趋势，具体调研成果如下：

（一）传统媒体气象资源

整体来看，各地方气象媒体资源仍以电视、广播等传统媒体为主要运营渠道，以《天气预报》栏目为核心，面向全国及区域受众，多频道、全时段地传播预警预报等公共气象信息，实现全域、全年覆盖。

一方面，传统气象栏目的展现形式正在不断创新升级。CCTV《新闻联播》后《天气预报》栏目作为国家级的核心资源，2020 年从高清、新颖、广度、精细四个方面进行了升级改版，增加了虚拟天气场景服务；上线节气提醒，借助黄金 100 秒传播传统节气文化；增加中小城市天气预报，借助针对景区或者地方的精细化服务更加贴近百姓需求。

新版 CCTV《新闻联播》后《天气预报》栏目

另一方面，多个地区在多频道排播气象节目的同时，也在不断探索拓展气象节目类型。特别面向青少年、听障人士等群体，策划符合受众媒介使用习惯的特色气象栏目，使气象知识科普与服务嵌入多元群体的全程发展情境，推动区域气象服务均等化，不断提升气象服务能力。

比如，面向听障群体，浙江省气象局与省残疾人联合会在浙江卫视联合推出天气预报手语节目，这在省级卫视中尚属首创。这一全新尝试扩大了残障群体接收气象信息的覆盖面、普惠面，同时进一步丰富了气象服务产品体系。

《浙江卫视》天气预报手语节目

针对青少年群体，我国多地电视台陆续开设少儿气象栏目，逐步加强面向青少年的气象防灾减灾科普教育，如大连的《小小气象屋》、山西的《少儿气象站》和郑州的《气象小达人》等，将气象知识嵌入小剧场场景，采用生动有趣、更加符合少儿收看特征的形式开展气象科普教育。

（二）新媒体气象资源

步入全媒体时代，媒介技术与终端不断更迭，公众信息获取模式趋于即时化、移动化，获取公共服务信息的渠道也由电视、广播等传统渠道逐渐转向微博、微信、抖音等数字化媒体平台。

近年来，气象媒体资源运营机构为适应用户当前的信息获取习惯，大力拓展气象服务新媒体渠道，开创与公众的“微距离”接触时代。随着气象新媒体矩阵的不断发展，中国气象局气象宣传与科普中心推出气象新媒体影响力榜单，数据显示，多家地方气象媒体资源运营机构布局微信、微博、抖音和快手等平台，内容呈现方式更加贴合用户习惯，从及时有效的气象数据服务内容出发，持续向短小视频发力。

其中，中国气象局于2022年9月发布的气象微信影响力排行榜单显示，北京市气象局官方微信账号“气象北京”排名第7，提供天气查询、生活气象和精细预报三大类服务。其中，休闲天气专栏类属基于位置的服务（Location Based Services，LBS），结合当日精准气象数据，为用户出行游玩提供指引，并推荐采摘、登山等应时休闲活动，在为用户提供基本气象生活服务的同时实现个性化定制。

《气象北京》休闲天气服务产品

短视频赛道，在中国气象局 2022 年 9 月发布的气象抖音影响力排行榜单中，“浙江天气”排名第 9。截至 2022 年 10 月 21 日，“浙江天气”抖音账号粉丝数 6 万，获赞 89.7 万，播放量居前四位的分别为：台风烟花、台风灿都、高温合集和天气预报。可见区域用户使用最为广泛的气象服务仍为日常天气预报和极端天气预报，且本土气象新媒体在地方的用户活跃度及黏性较高。

（三）气象服务产品资源

为将气象数据与生活服务有效链接，打通公众气象服务民众日常生活的“最后一公里”，满足不同用户对于气象服务的多元化需求，多地气象媒体资源运营机构突破创新，打造精细化、定制化服务产品。

针对天气变化时容易过敏的群体，北京市气象局官方微信公众号“气象北京”推出定制化服务产品“花粉健康宝”，内容包括花粉播报、过敏信息、科普产品等功能。用户可以查看花粉浓度分区实况图和未来七天花粉浓度分区预报图，借助“识别植物”排查该植物是否为致敏花粉源。此外，“花粉健康宝”还提供北京地区 6 种主要气传致敏花粉的开始期、高峰期和结束期的分区预报。北京气象台在拓展产品资源体系的同时，也有效拓宽了经营空间。

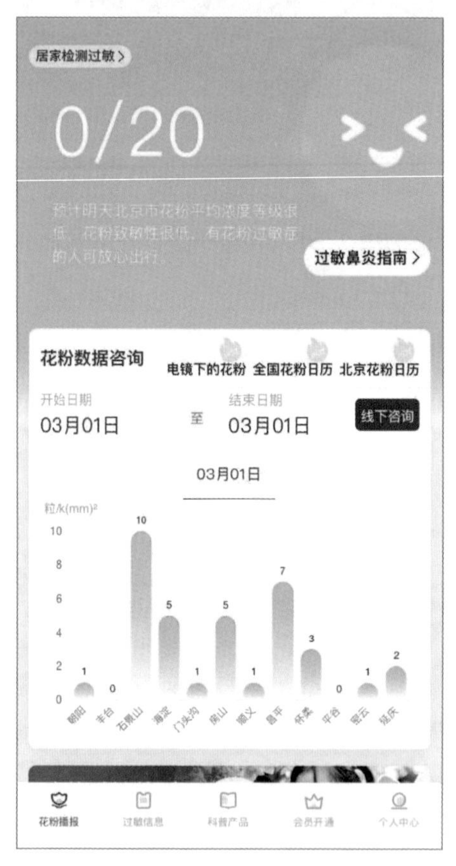

《气象北京》花粉健康宝服务产品

此外，温州面向气候友好型企业推出“气候贷”特色产品，推动气候、农业与商业贷款、金融保险相结合。将农产品适宜种植区评估、特色农产品气候品质认证、气象指数保险等气候生态指标纳入农业贷款信用评价，探索实施差异化贷款优惠政策，降低农户的融资成本。同时，“气候贷”提供重大灾害天气来临前被保险人精准服务，推动气象保险服务从事后理赔向事前风险防范延伸。

“中国天气”推出的产品日历，结合重大行业营销节点划分十二个品牌投放主题月，同时可根据季节特征全年候定制当季地图产品，并基于不同节气定制化发布提醒服务。其中，代表性地图产品“2021 全国蚊子预报地图”由中国天气、江苏气象、榄菊集团联合发布，全网阅读量“5000 万 +”，新华社客户端要闻页推荐，新华社、人民网等 20 余家媒体转载，登上微博热搜、百度热搜、头条热榜。

（四）气象服务活动资源

多区域以公益属性为核心，围绕气象科普、地方生态文旅展开，与地方教育机构联动打造系列科普活动提升地方公民气象素养，并与地方宣传组织合力开发地域文创产品与区域文旅项目，推动文旅品牌和城市形象传播。

国家级节气活动层面，华风集团 2021 年启动“二十四节气之旅”科学考察文化活动，首站“二十四节气之旅——绍兴 · 立冬”活动引发全网热议，活动微博热搜 TOP39，直播总在线人数累计 3000 万，短视频总观看人数 1054 万，全网总曝光量 1.5 亿，取得以“节气之旅”为手段助力美丽中国建设、首次策划“中国天气”节气类大型科考活动、首次开展基于气候的多种跨界研究、扩大气象部门在节气文化传承中的社会影响四大创新性突破。

气象科普活动层面，2022 年 3 月 23 日，“研智慧气象 启科学梦想”上海市首届校园气象科普大赛在线启动。大赛结合世界气象日主题，举行气象知识网上竞赛、气象科普主播秀、气象观察日记三个项目，为全市中小学生搭建探索科学的气象舞台，提升青少年气象素养。

气候评价活动层面，浙江省气候中心推出《浙江省气候康养区评价标准》，综合评价申报区气候适宜度、天气侵袭度、康养资源配套度和空气优良率等多项指标，经专家评审、实地复核、综合评定，最终确定首批 40 个“浙江省气候康养乡村”推荐名单，以促进地方绿色生态发展、带动地方生态经济。

二十四节气之旅——绍兴 · 立冬站

此外，2022 年元宇宙概念兴起，为探索时代发展风口，上海气象博物馆与上海服装集团基于气象元素联名发布系列数字藏品与风衣文创产品，将元宇宙新技术发展应用于沪上老字号服装品牌，以“数字藏品 + 风衣实物”的形式首发，深度挖掘上海气象博物馆藏品科普与文化价值，通过“科技 + 时尚”的力量，将时尚与创意进行数字呈现。

上海气象博物馆联名数字藏品、风衣文创

三、全国气象媒体资源发展问题

（一）内容有待提升

综观当前各区域气象媒体资源运营机构，可以发现由于内容开发团队人员构成较为单一，运营业务多由气象专业分析师负责，内容的专业性、学术性较强，缺乏全媒体融合视野和思维，加之团队技术水平有限，导致地方气象媒体资源开发能力整体较弱，内容呈现固化趋势，仍存在较大的发展空间。

（二）品牌意识较弱

在气象资源运营机构与渠道激增的同时，区域气象运营部门品牌意识较弱，未形成有效的资源集约和协调统一，造成区域气象品牌分散性发展且存在同质化问题，媒体传播力和影响力有待提升。长此以往，地方气象媒体资源运营机构将面临缺乏竞争力、互动不足和用户黏度不强等困境。

（三）缺少上下联动，全面融合机制

各区域气象媒体资源运营机构上下联动机制尚未建立，管理机制、工作流程也仍待进一步明晰。仍然以相对独立的人员和组织开展电视、微信、微博等不同媒体平台的内容制作和资源运营，缺乏明确的中心组织与清晰的合作流程，致使内部流动与上下联动阻碍重重，并未真正做到媒体资源的有效融合。

四、全国与地方气象媒体资源整合发展建议

（一）打造全国气象媒体传播生态体系

作为国家级气象服务品牌，“中国天气”近年来充分发挥创新引领作用，以电视媒体为核心，同步布局新媒体、产品、活动及赋能资源，与地方媒体的整合联动发展空间极大。

在体制机制创新方面，建议由国家级平台牵头联合各级气象媒体资源运营机构，横向建立“一呼百应”的全国气象媒体资源运营机构联盟，纵向实现气象媒体资源的一次采集多级本土化落地，实现“一站式”、精准式、立体化传

播，全面提升气象媒体资源使用效度与影响力。

在资源共享共建方面，建立全国气象融媒体平台，搭建国、省、市、县四级运营网络，制定阶段性的发展方向，完善资源信息的采集流程，充分发挥不同气象媒体在内容生产、媒资系统和气象演播室等方面的独特优势，推动气象媒体资源扩大传播覆盖面，不断提高受众满意度。

（二）打造“1+N ”气象品牌共建体系

除资源共享共建外，建议以点带面，以国家级气象服务品牌“中国天气”为核心，联动全国各级气象媒体资源运营机构建立“1+N”气象品牌共建体系，充分发挥各级气象部门的联动优势，打造全国一体化气象服务品牌矩阵。

通过构建需求牵引、协同发展、特色鲜明的“1+N”气象品牌共建体系，“中国天气”可以与地方气象品牌实现国、省、市、县四级联动创新，同时地方品牌也可借力“中国天气”辐射全国，实现共创共赢，整体提升气象媒体资源创新性、传播力和影响力，提升气象服务的社会效益和经济效益。

以节气维度勾勒文化图谱

■ 中国天气“节气中国”科学考察调研报告

通过前期对全国17个省份41个地区的文献和地方志的梳理，初步提出按照节气脉络梳理各地在风光、风物、风俗、风味等方面存续情况的调研计划，目标是要探究节气文化在各地文旅、农耕和民俗等方面的传承现状与政策趋势，确定节气文化对各地政府文化传承、农业品牌打造和乡村振兴等方面的深层次宣传赋能作用，通过实地走访调研，形成如下洞察。

一、调研背景

为不断提升气象服务精细化水平，主动融入和服务现代化经济体系建设，推动气象事业融入优秀传统文化传承领域，做好被国际气象界誉为“中国第五大发明”的二十四节气活态传承，充分提升服务效益，华风集团充分发挥旗下全媒体资源优势，依托“中国天气”品牌打造“节气中国”大型科考宣传活动，以节气维度的时间序列勾勒全国二十四节气图谱，推动公众特别是年轻人对节气文化的创新性传承与创造性发展，带动城市产业升级，促进文旅深度融合。

充分发挥专业化服务能力、权威平台背书能力、矩阵化传播能力和拍摄制作能力，“节气中国”项目组于2023年6~9月赴全国多省份深度调研，围绕风光、风物、风俗、风味多个维度展开，逐层挖掘地方节气文化资源，与地方共享共建“节气中国”IP，以期二十四节气颗粒度做精做细，从节气与气象的视角助力城市讲好发展故事。

二、总体概况

2023年6~9月，“节气中国”项目组8支队伍共前往17个省份41个地市调研，整体调研围绕地方节气文化、生态文旅建设、节气产品资源、文旅宣传需求与产业升级服务展开，依托专家带队深挖细掘，通过实地调研、文献查阅、资料分析、学术研讨等方式，确保调研内容的真实性、准确性、完整性，引导地方政府与企业积极融入“节气中国”IP 建设。

经过深入走访调研发现，中国地大物博，二十四节气在各省各地生根发芽，根植于地方本土社会、文化系统，受地理条件、气候环境、地方文化与发展目标影响，二十四节气在各地历经数余年传承、演化，不同程度地融入了地方发展建设中。项目组走访的17个省份41个地市在节气资源、重点宣传需求、城市产业建设层面也各有侧重、自成一格。综观各省建设现状与发展重点，可将地方总体宣传方向大致分为四类：侧重节气文化、侧重生态文旅、侧重乡村振兴与侧重支柱产业。

（一）侧重节气文化

以河南省、安徽省为代表的中原地区节气文化底蕴深厚，传承至今的节气风俗较多，在各地的日常生产、生活中仍可见到节气印记。在河南、安徽等地，仍然保留着许多诸如“小暑大暑入伏吃羊”“立冬拜师饺子宴”等传统节气风俗，这些风俗已经融入当地社会发展，成为地方文化传承的重要组成部分。

河南开封、洛阳，安徽淮南八公山、寿县等地，因与二十四节气发源密切相关，人们至今仍会根据不同的节气来安排农事活动、祭祀庆典等。安徽的古井酒文化充分体现顺应四时而为的节气理念，每逢阳春，惊蛰桃花盛开时便举行春酿仪式以拉开一年的制酒序幕。

除了在农事活动和祭祀庆典中得以延续外，节气文化还被多地应用于旅游、养生等领域。在旅游方面，不同地区的节气文化能够帮助游客更加深入地了解当地的文化和风土人情。例如，福建省在2023年创造性地将节气融入整体文旅宣传中，打造“四时福建”文旅 IP，将福建四季进一步细分为福建二十四节气，结合当地当时的气候特点和节气内容进行旅游宣传，吸引游客前来体验不同时令下的福建美食和生态景观。与此同时，福建省平潭市也积极将节气与生态景观进行融合，以期带动平潭生态特色文旅发展。

（二）侧重生态文旅

相比之下，西南、西北等地区受地理环境与本地文化影响，二十四节气文化可见度较低，本土资源挖掘与内容建设与节气的关联度相对较低。这类地区的宣传需求便集中于本地丰富的道地物产与生态气候文旅。

例如，湖北省利川腾龙洞的夏季风光、贵州省黔南州喀斯特地貌自然景观、青海茶卡盐湖的独特风光，此类地区本身生态文旅建设较为突出，近年来着力打造本地自然景观目的地，因而宣传重点更多地放在已有优势之上，更加侧重于知名景点宣传，节气虽被作为风光宣传的部分内容，但整体节气梳理较为薄弱，与节气结合的意识略微。

（三）侧重乡村振兴

东北地区的黑龙江、辽宁、吉林等地，受自然纬度影响，区别于中国其他省份，四季层次尤为鲜明，拥有着丰富的森林资源和独特的冰雪景观，因此这类地区的宣传重点在于展示其独特的生态资源和物候物产，如吉林抚松人参、黑龙江五常大米、辽宁西丰鹿业、大连夏日清凉文旅与黑龙江冬日冰雪季。

同时，上述地区也注重展示当地的文化遗产和民俗风情，如满族、蒙古族、朝鲜族等少数民族的文化传统和民间艺术等。值得注意的是，黑龙江齐齐哈尔扎龙湿地作为丹顶鹤的家乡，其自然环境、物候变化与二十四节气息息相关，且在对达斡尔族的深度访谈中发现，达斡尔族的生活与庆祝仪式也烙刻着二十四节气的印记，可作为其接续宣传的重点发力方向之一。

（四）侧重支柱产业

中国有诸多省份四季不甚分明，温度变化坡度不大，15 天一维度的节气节点对当地物候变化影响略微。如四川、云南等地，拥有着得天独厚的自然条件和丰富的农业资源，因此这类地区的宣传重点在于展示当地的特色农产品、自然风光和支柱性产业。

其中，四川泸州美酒河孕育而出的酒业文化颇受地方政府重视，已融入当地社会文化系统中，成为其宣传的一大核心点。云南四季如春的气候条件也使其康养生态文旅、鲜花产业成为重点宣传对象。

三、问题分析

（一）以节气为主导的宣传项目仍需市场培育期

以节气为主导的宣传项目现阶段无法完全匹配地方政府的宣传重点，难以迅速契合地方年度文旅宣传方向，不足以取得立竿见影的推广效果。一是部分地市已经形成较为成熟的宣传思路，“节气中国”项目难以迅速融入。例如，河南洛阳市本身具备一套十分完整且成体系的河洛文化宣传系统；甘肃庆阳市对于节气的挖掘非常深入，并已规划打造了其想要着力宣推的文旅线路，如红色研学线路等。二是部分地市宣传工作侧重招商引资，“节气中国”主推的城市形象与地方文旅并非其预算重点，如甘肃庆城县、永登县目前主要宣传工作重点是招商宣传，与项目主推方向不吻合。

（二）全媒体资源整合服务仍有待提升

为项目设计的全媒体资源整合服务产品吸引力不足，产品呈现效果不够直观，传统媒体资源产品竞争力减弱，新媒体资源产品没有足够数据支持。一是多地市普遍反映传统媒体内容多年未改，虽然在当前传统媒体市场中存在一定的价格优势与收视竞争力，但受传统媒体市场整体低迷影响较大，在众多创新型产品层出不穷之际竞争力仍有所减弱。二是“中国天气”新媒体资源转化率不够明晰，部分地市反馈天气虽然具有与生俱来的流量与号召力，但“中国天气”仍在庞大的新媒体市场中知名度较低，新媒体宣传效果包括转化率、观看量、用户画像在内更为精准的支撑数据缺失。

（三）项目市场化基础较为薄弱

产品核心内涵挖掘不够，营销逻辑性不能完全自洽，项目市场化对接基础尚且薄弱。一是“节气中国”项目目前还无法具体展现传播效果，尚不具备足够说服力。例如，个别地市提出地方特色饮食文化如何与节气相结合才能够讲出好故事，“节气＋文旅”助力地方经济发展都取得过哪些成效等，在项目推广过程中欠缺具有足够说服力的营销话术。二是节气传统文化创新传播还没有具备广泛的群众基础，现阶段难以形成大气候进而赋能当地经济产业发展，转化效果难以评估，部分地市表示无法对项目进行可行性论证。

（四）有限的预算空间与众多的市场竞品

地方政府预算有限，强力竞品众多对“节气中国”项目推进造成阻力，挤占项目发力空间，项目尚不具备绝对竞争力。一是政府预算不足，疫情透支、偿还往期债务等原因导致政府资金困难，宣传预算整体大幅度缩减，“节气中国”项目整体经费体量较大，存在一定的执行难度。二是央视、地方台等传统媒体以及抖音、小红书等互联网平台已经渗透至市县，市场竞品众多且已抢占了地市宣传预算，部分预算有限的地市更加偏向于成熟、低成本的新媒体宣发。三是在调研中获悉，东方甄选、央视《乘着大巴看中国》等平台及栏目已经对多个地市进行了免费宣传，并在短时间内获得了显著的游客流量效果，地方政府均较为认可，为“节气中国”项目后续推进造成一定难度。

前期案头工作与实地调研出入较大，各地市在节气文化挖掘能力方面差异较大。一是项目团队与地方存在信息差，准备工作未能有效运用于实际的地市推介方案中，尤其是与临行确定的调研地市宣传需求结合不够深入；省局进行地市推荐侧重于能够达成联系、省内 GDP 排名较为靠前、具备省内突出生态环境与产业的地市，双方节气知识储备不对等。二是地方节气敏感度与节气内容储备参差不齐，部分地市节气宣传敏感度较高，且具备充足、较为完整的“四风”内容，但也有部分地市对节气敏感度不高，本地节气内容挖掘经验不足，导致项目难以实现普遍性接入。

四、发展建议

（一）对接实际需求，持续开展深度调研

针对意向地市迎合需求，持续对接开展深度调研，为项目落地执行打下良好基础。基于目前走访调研情况，下一步将重点针对具有突出合作意愿的省份及地市持续沟通联络，结合地方需求深入实地调研，找准节气赋能最为契合地方的落地方式。例如，安徽淮南市、河南洛阳市等地均需要进一步挖掘节气文化内涵，项目组需要与地方政府深入探讨项目落地的实施方案。

（二）优化服务形式，提升内容转化力

要不断优化产品服务内容，提升新媒体转化力，针对地方预算灵活调整项目体量。一是优化传统资源投放形式，锚定具有特色生态、文化、旅游资源的地市。二是全面分析“中国天气”新媒体资源核心数据，找到能够实现的转化路径，将与生俱来的天气流量转化为可见的变现模式。三是灵活组合服务资源，适时调整项目产品形态。例如，针对湖北省利川获评“2023 避暑旅游优选地”系列宣传需求，可以围绕夏至、小暑、大暑等节气策划避暑节气之旅，争取部分宣传预算。

（三）导入市场化思维推进一地一案

后续要运用市场化思维推进项目落地，一地一案结合地方宣传重点调整方向，为地方提供更能切中痛点的、更能突出“节气中国”独一无二优势的、更加落地的宣传解决方案，不断延伸、衍生出一批极具针对性的特色专案，持续跟踪地方三年规划。例如，在对接云南省宣传需求后，为其提供天然氧吧、宜居宜游、避暑胜地等授牌后的接续宣传方案。

（四）持续追踪市场动态，形成一批优质节气产品

面对诸多强力竞品的竞争压力，要接续锚准市场空缺，加速占领节气文化传播领域，持续追踪市场热点及宣传重点，进一步优化自身产品，明确自身定位，夯实自身独有优势，围绕节气文化、气象服务的核心优势打造拳头产品，形成一批独具特色的创新型产品。持续追踪市场趋势、长续跟踪地方宣传重点，向尚未被完全挖掘且具备良好文化底蕴的地方加速推介“节气中国”项目。

（五）加强气象系统内合作，与地方共建共创

节气文化挖掘及“四风”系统梳理仍需要依靠地方做大量的工作，由地方主动提出的调研安排更有利于项目的推进。在后续项目推进中，要继续加强与地方气象部门的深度合作，调动地方参与积极性，争取构建更多反哺机制，厘清和摸透地方需求，与地方共建共创共享“节气中国”IP。

荣耀篇

精耕细作　不优不休

高效捕捉宣传声量趋势，『吸睛』媒体聚焦认可。

媒体聚焦与主流认可

“中国天气”聚焦在对品牌具有长期价值的“心域”方向，开启服务模式创新转型，打造个性化产品助力品牌营销破圈，进一步精准赋能品牌宣传，2022~2023 年，广告与传媒界取得多项荣誉。

“中国天气”心域营销模式被逐渐认可

■ 白静玉
华风气象传媒集团媒体资源运营中心主任

在受到国内外市场环境复杂严峻等多重超预期挑战的影响下，中国广告市场激荡前行，中国品牌也进入从“短期驱动”到“长期驱动”的重要转型期。广告主更加迫切地期望在降低营销成本的同时，找到品牌可持续性发展的最佳方案。

尤其是在“十四五”时期，我国广告产业逐步向专业化和价值链高端延伸，新的业态模式层出不穷。基于当下的市场环境，如何突破营销困境？“上兵伐谋，攻心为上。”品牌与消费者的天然触点是在心域发生的，因此对消费者来说，消费的第一选择天然就是“心域品牌”。

一、“中国天气·4L心域营销”服务模式创新转型

在制定广告投放策略时，广告主优先考虑的一定是广告预算。那么，为什么80％的广告费仍旧被浪费掉了？因为大部分广告预算并没有直接打开消费者的心域开关。传统的广告营销模式链条冗长，机制分散；流量广告只能通过线上获取短时流量，大多是昙花一现，本质上无法解决品牌广告主的痛点。“中国天气·4L心域营销”服务模式的出现，在很大程度上匹配了广告主梦寐以求的营销需求，优势尽显。

不同于公域、私域等传统的场域思维，“中国天气·4L心域营销”服务模式真正聚焦在对品牌具有长期价值的“心域”方面。打通时间、内容、平台、消费四条营销脉络，构建起“长情（Long-focus）—长效（Long-effect）—长线（Long-term）—长红（Long-growth）”的“中国天气·4L心域营销”服务

模式，引领消费者实现对品牌从认知、认同到认购的一整套流程。

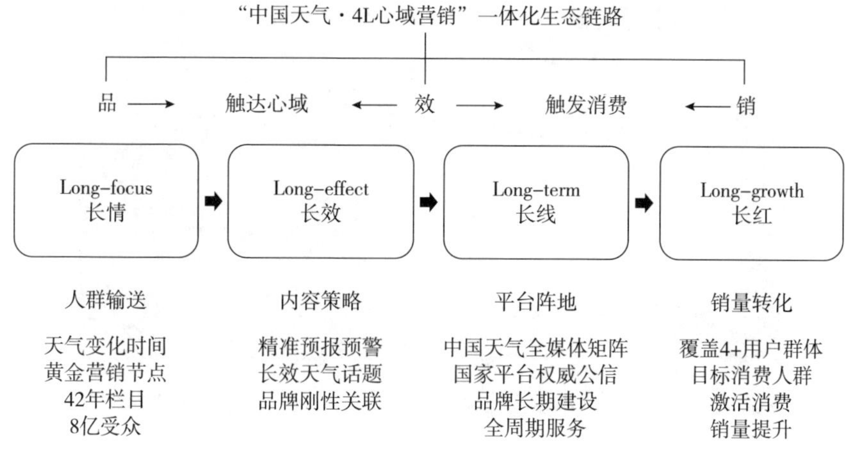

"中国天气 ·4L 心域营销"一体化生态链路

一是时间长情，以天气变化切中品牌最具价值、最具关注的黄金营销节点，以最受中国观众喜爱的《天气预报》栏目为核心，进行人群输送，赋予品牌关心冷暖的情感温度；二是内容长效，通过精准的预报预警信息，长效的天气话题热度，为品牌制定内容策略，形成"天气 + 品牌"内容的刚性关联；三是服务长线，通过权威公信的"中国天气"全媒体矩阵，打造品牌阵地，为品牌的长期建设提供行之有效的全周期服务；四是品牌长红，直击 4+ 用户群体内心，激活目标消费人群购买力，实现销量提升，助力品牌持续长红。

建立有效的"中国天气·4L 心域营销"的一体化生态链路，能够盘活心域流量，帮助品牌抓住时代机遇，挖掘发展潜力，实现可持续的规模化增长。

二、高传播价值赋能多行业 4L 心域营销

"中国天气"的传播平台权威公信，营销模式更加垂直，内容策略也更加多元化，能够帮助广告主快速精准锁定客群，高效利用广告预算实现入局"心域营销"的品牌目标。

首先，平台首选，权威公信。CCTV《新闻联播》后《天气预报》栏目拥有中央广播电视总台与中国气象局的双重权威背书，为品牌提供无可比拟的权

威性、公信力和影响力，为品牌建设沉淀积累，助力品牌实现质的飞跃。

CCTV《新闻联播》后《天气预报》栏目广告投放画面

其次，栏目首选，高性价比。在中国广电史上，很少有这样一类栏目，能够在全天 378 分钟贯穿央视几乎所有频道黄金点位。其中，CCTV《新闻联播》后《天气预报》栏目处于 CCTV-1、CCTV- 新闻频道黄金时段最核心的位置，全国收视双料第一（平均收视率和同时段市场份额）并兼具超高性价比优势。这样集“时段好、点位好、性价比好”为一身的“三好栏目”，才能成为广告主真正的“心头好”。

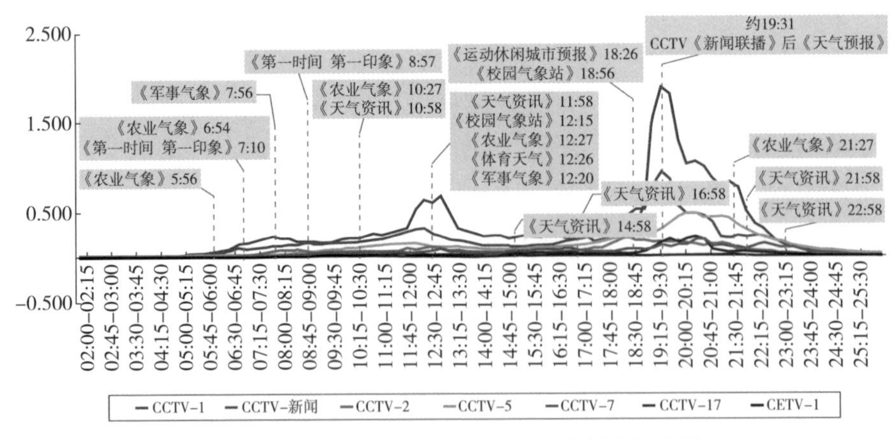

2022 年华风《天气预报》栏目 15 分钟收视曲线

资料来源：CSM、28 省 + 太原、4+。

最后，内容首选，品效合一。天气与人们的生产生活、各行各业都密不可分，“天气”自带流量，汇聚了极高的关注度与讨论度。2022 年登顶新浪热搜的天气话题和内容超过 130 个，从节气到季节，四季知识图谱、生活指数、预警地图几乎贯穿了所有行业品牌的各大营销季，并通过全国气象部门国、省、市、县四级体系的新媒体矩阵，助力品牌实现爆款式、集中式、精准式的有效传播。

品牌的成功是无法通过某个节点的营销爆破来一次达成的。借助“中国天气”传播优势，“中国天气・4L 心域营销”服务模式成功助力保险、酒类、大健康、消杀、农资以及服饰等行业多个头部品牌实现跨越式发展，成为帮助品牌穿越各个发展周期、恒久深入人心、保持屹立不倒的绝佳路径。

三、全新打造“七大产品＋两大服务”体系

在“中国天气・4L 心域营销”服务模式的基础上，2023 年，中国天气全面打通电视、新媒体、活动、产品、赋能多种资源，全新打造“中国天气金名片・大国名品”“中国天气金名片・大国名城”“中国天气・节气金名片”“中国天气・体育金名片”“中国天气・乡村振兴金名片”“中国天气新媒体营销日历”以及“气象元宇宙”七大产品，并推出“节气＋研究”专业服务和“中国天气公益品牌影响力指数”两大服务，助力品牌在消费者心智中进行长期建设，取得持续性成功。

“中国天气”多种营销平台

如果说，广告行业是国民经济的“晴雨表”，那么，“中国天气”就是品牌长期建设中的“指明灯”。多年来，“中国天气”为500多家优秀合作伙伴提供了“中国天气·4L心域营销”服务，助力多家品牌成功迈进500强行列。

未来，“中国天气”将携手更多优秀品牌，以“中国天气·4L心域营销”创新服务模式为核心，夯实品牌发展的韧性，突破行业发展的困境，在寒冬中高举火把，为品牌注入温暖人心的澎湃力量，助力品牌取得稳健、可持续、高质量的发展。

五大重量奖项一举揽获

2022 年 8 月 16 日，备受各界关注的“2022 Y2Y 品牌年轻节暨第十一届 ADMEN 国际大奖颁奖盛典”在天津泛太平洋酒店隆重举行。由中国青年创业就业基金会、广告人文化集团、中国中外名人文化研究会联合主办，创意星球全程参与执行的 Y2Y 品牌年轻节 (Y2Y：Young To Young) 是广告人商盟峰会的 2.0 版本，在业界一贯享有较高声誉。

作为中国气象局授权的对外开展媒体公众气象服务的龙头单位，华风气象传媒集团（以下简称华风集团）应邀而至，一举揽获 5 大重量级奖项，赢得一众认可与喝彩！此外，华风集团还带来了有关“中国天气”品牌年轻化路径的深刻解读，并分享了对品牌合作和时代营销的独到见解与经验。

一、以创新为基 实效为本——“中国天气”连获五项大奖

ADMEN 国际大奖作为一项聚焦全球传媒产业、文化创意产业的国际榜单，肩负见证和推动广告行业发展、以全球视野引领营销风向标、聚合产业资源、服务品牌强国等使命。多年来，为更好履责与服务，ADMEN 国际大奖坚持以创新、实效为价值导向，为业界遴选出中国广告行业发展过程中的杰出青年、优秀公司、经典案例，树立行业标杆。

在 ADMEN 国际大奖颁奖盛典上，华风集团凭借企业经营力、行业影响力、客户服务力、专业创造力、资源整合力等方面的突出表现，获得组委会一致好评，成功拿下 ADMEN 国际大奖 · 商业价值总评榜。

华风集团还携手中国人保、快克药业、以岭药业、彩虹集团几大头部品牌，以策略创新性、效果确定性、资源整合性、执行专业性等，再度连夺四项 ADMEN 国际大奖 • 实战金案奖，聚焦了整场盛典的高光时刻，进一步印证了“中国天气”金名片工程的营销价值。

2022 年 8 月 16 日，天津，2022 Y2Y 品牌年轻节暨第十一届
ADMEN 国际大奖颁奖盛典现场

ADMEN 国际大奖 · 实战金案奖

二、青春气象 无限探索——“中国天气”激活品牌气候

华风气象传媒集团是该活动天气媒体支持单位，盛典当日，华风集团媒体资源运营中心主任白静玉女士应大会盛邀出席典礼，带来了一场有关“中国天

气”品牌年轻化路径的深刻解读。她表示，“中国天气”充分借势天气与节气社会热点，跨界打造了众多节气话题、节气活动和节气产品，还借助央视主流媒体打造“品牌周”的营销活动。未来，“中国天气”将继续发挥“文化 + 科技”的力量，通过升级年轻化品牌形象、跨界合作、情感共鸣链接年轻人生活，打造沉浸式科技感的文化之旅，甚至气象元宇宙。

2022 年 8 月 16 日，天津，华风集团媒体资源运营中心主任白静玉发言

在特邀采访中，白静玉主任表示，对于品牌营销过程中内容的深耕与主流媒体的善用是关键，但这并不意味着盲目跟风，而要有独立的品牌主张与社会担当。一方面，要做好高质量产品，将品牌理念与主流文化相结合，把品质塑造与文化理解根植于年轻化内涵中；另一方面，要引导知识文化获取与正向价值传播，让品牌年轻化发展与美好社会建设相得益彰。

在构建青春元宇宙闭门研讨会上，白静玉主任则以“盟”“结缘”“肩并肩”为关键词，分享了对品牌合作和时代营销的独到见解与经验。面向新时代的机遇与挑战，合作更能带来共赢，而“中国天气”强大的品牌背书、多元需求的契合、创新深度传播以及极好的价值体验，在激发自身强大市场活力的同时，也为品牌间的合作创造了无限可能，使品牌力更具成长力。

2022 年 8 月 16 日，天津，华风集团媒体资源运营中心主任白静玉接受采访

华风气象传媒集团媒体资源运营中心副主任李婷婷女士带来题目为“气象元宇宙”的演讲，标志着天气营销正式迈向“元宇宙时代”。先导型气象科技是元宇宙发展的前瞻元素与科学前提，智慧气象在虚拟时空模拟真实环境，还原气候生态，是元宇宙场景中无可替代的关键一环。“气象元宇宙”从虚拟人、数字藏品、虚拟空间三个维度，建设面向 Z 世代品牌营销的重要触发点。通过智慧气象全流程服务，实现虚拟人与虚拟内容的规模化、互动化、智能化发展。打造全域级气象数字藏品，全新赋能品牌购物链路。在虚拟空间层面，沉浸式体验“节气氧吧之旅”，以节气串联氧吧地全年美景，以节气并联不同氧吧地独特风光，衣食住行玩全场景覆盖，为气象元宇宙赋予了更大的未来空间。

随着时代不断进步，消费更迭，年轻化营销成为品牌营销圈的主流命题，与“年轻”站在一起便是与未来站在一起也成为各个行业的共识。华风集团不断深入演绎品牌化、IP 化以及创新化，并将更年轻的心态与思想带入品牌建设与传播服务当中，让“青春气象”在“无限探索”中激活品牌，演进服务。

作为中国气象局强势打造的国家级气象服务品牌，美誉之上是“中国天气”的闪耀与蓬勃，美誉之下是华风集团立序新时代的品牌营销智慧。未来，华风集团将继续聚焦品牌与观众的新时代需求，营造大众喜闻乐见的“青春气象”，为“美丽中国”建设增添更多华彩。

2022 年 8 月 16 日，天津，华风集团媒体资源运营中心副主任李婷婷主题演讲

奇思妙想融入传统文化

万众瞩目的北京冬奥会上，二十四节气倒计时一亮相便惊艳全场，让全球观众领略到了中国传统文化的独特魅力。节气是中国智慧与农耕文明的结晶，彰显着中国的文化自信，是中华传统文化传承和发展的重要组成部分。2022年11月8日，“赤水流光 赓续传承——‘中国天气’金名片工程资源发布会”在贵州仁怀盛大开幕，中国天气与各大领域合作伙伴共聚一堂迎接新产品、新服务的亮相。会上“中国天气”也公布了与学院奖的合作，以“探寻二十四节气之美”为题对话全国大学生参与节气探索，促进民族文化传承。

一、赤水河畔共话品牌创新

我国地域广阔、气候多变，“中国天气”秉承“关注民生、服务社会”的宗旨，一直致力于国内气象服务，肩负播报气象、提升公共气象服务质量、促进生态文明建设的重任。二十四节气是中国古人根据太阳周年运动并参照月相节律而形成的知识体系和运用实践，与天气息息相关，是中国气象事业的重要组成部分，其传承和发扬也是“中国天气”作为民生服务企业始终关注的要点。

2022年11月8日，在贵州仁怀这座历史悠久的城市，中国天气举办了“金名片工程资源发布会”。金名片工程在推出后的4年中，“中国天气”不断融合品牌旗下的全媒体资源为品牌运营，在这次大会上，华风气象传媒集团媒体资源运营中心主任、中国天气·二十四节气研究院秘书长白静玉女士为观众讲解了即将推出的极具战略价值的七大产品，精准触达目标人群，为中国品牌提供营销推广服务。

2022 年 11 月 8 日，仁怀，“中国天气”金名片工程资源发布会现场

2022 年 11 月 8 日，仁怀，中国天气 · 二十四节气研究院秘书长
白静玉女士讲解金名片服务

发布会上，二十四节气研究院副院长宋英杰先生分享了《我们的二十四节气》一书，他深入浅出地讲述了对于节气文化的研究心得，并表示“二十四节气充盈着科学的雨露，洋溢着文化的馨香，记载在我们的居家日常，也是我们的诗和远方”。

2022年11月8日，仁怀，二十四节气研究院副院长宋英杰先生分享节气理念

二、创意大赛激发青年热度

在会议最后，“中国天气”宣布了与中国大学生广告艺术节（以下简称大广节）学院奖的合作项目，以“探寻二十四节气之美”为命题，向全国大学生进行创意征集，以大赛的形式唤醒大学生对中国传统节气文化的关注意识和青春印象，使节气文化在传承中随着时代不断发展。

传统文化的传承既要根植传统，又要与时代并行。青年的创造力和想象力是可贵的，历经千年发展的二十四节气文化要想保持生生不息，就必须在年轻人之间架起沟通桥梁，让潮流的思想更新传统文化的时代内涵。

中国大学生广告艺术节学院奖介绍

大广节学院奖是由中国广告协会主办的全国性大学生广告业奖项，面向全国高校为国内外知名企业进行命题式创意征集，其影响力辐射全国约1830所高校，成为品牌探索年轻化的重要途径。广告人文化集团副总裁陈晓庆女士在会议上分享了品牌年轻化与传统文化传承的意义，她表示“大广节学院奖与‘中国天气’两个国家级资源平台形成传播矩阵和流量曝光，让年轻人对品牌的认知更深、更有温度、更有态度，未来要一起与年轻人共创”。

2022年11月8日，仁怀，广告人文化集团副总裁陈晓庆女士
解说学院奖项目

学院奖的征集对象为全国年轻大学生，他们正是继承和弘扬中国传统节气文化的主要群体，“中国天气”在学院奖开展节气主题征集，精准定位受众群体，激发大学生探寻节气时代内涵的热情，向高校环境传播传统文化知识，借青春创意为传统节气赋予年轻的生命力。

三、青年共创续写中国民族文化基因

中国节气文化源远流长、包罗万象，将四季、气候、物候等自然现象的演变浓缩成一个个简洁凝练的词语，蕴含深厚的科学内涵、哲学思想和文化价值，是优秀传统文化的鲜明标识，也是中国文化创新的瑰宝。

青年在文化传承中扮演举足轻重的角色，传承与弘扬二十四节气，必须立足于中国大学生，重视年轻大学生心中的文化烙印。学院奖作为国内最大的青年共创平台，拥有极大的号召力，是企业对话年轻人群体的重要通道。此次与学院奖的合作既是“中国天气”对气象知识、二十四节气文化的宣传，也为传统文化与时代接轨提供了新的思路，希望在传承中国传统文化的同时，促进中国品牌和产品与二十四节气的结合，通过高校大学生内容创意做出很多的延展。

传统文化有着博大精深的文化内核和兼收并蓄的包容性，青年共创让二十四节气在内容和形式上焕发出蓬勃的生机活力，真正与时代共同进步。学院奖全国发题为二十四节气文化传承铺设了一条通往全国大学生的道路，推动节气知识的普及和焕新，也在广大年轻人心中播撒下文化自信的种子，触动他们的爱国情怀和民族自豪感，让美丽的节气文化真正走进年轻人的内心，画上属于年轻人的时代印象，增添时代内涵。

中国气象，时代风华

团结广告人，成就广告主！在各方共同的愿景与努力下，2022 年 12 月 21 日，第 29 届中国国际广告节于厦门开幕，迎来了各界翘楚。“中国天气”金名片工程作为中国气象局重点打造的工程，更是成为广告节上的现象级 IP。

2022 年 12 月 21 日，厦门，第 29 届中国国际广告节现场

一、媒企资源展：展实力，显魅力

媒企展示交易会是中国广告节最大的行业主流品牌年度展，也是中国国际广告节上最大的行业展览，在彰显行业地位的同时，更成为品牌推广的重要阵地，构建了媒企校之间实效互动的桥梁。

华风气象传媒集团作为中国气象局授权的对外开展媒体公众气象服务的龙头单位，是面向全国气象服务市场开发、拓展与经营的重要窗口。此次广告节媒企展示交易会上，华风集团打造了沉浸式的“中国天气”互动体验展，将一个更关注民生、关爱生命的“中国天气”品牌立体地展现在来宾眼前。

2022 年 12 月 21 日，厦门，“中国天气”互动体验展区

二、资源品鉴会：金名片，助名品

众所周知，在媒体矩阵头部，中央级媒体是权威性与影响力的代表，有着绝对的认可度和传播价值，是品牌建设和行业发展的风向标。权威媒体·中央级 2023TOP 资源品鉴会特邀华风气象传媒集团媒体资源运营中心主任白静玉女士发表了题为“洞察新需求　迎接新气象”的主题演讲，让来宾通过气象媒体，看到品牌营销、媒体运营的更多可能性。

今天的“中国天气”，融入了新需求、新技术、新媒体，成为一个更加新潮开放且极具营销价值的气象融媒体。正如白静玉女士所言，“中国天气”有国家级的高度，有关注民生、弘扬公益的温度，也有根脉天气文化、挖掘人文价值的深度。而更难得的是，拥有数十年底蕴的“中国天气”善于破壁出圈，在年轻化道路上不断创领新潮，如连续多年与中国大学生广告艺术节学院奖合作二十四节气创意大赛；再如积极迎接元宇宙时代，策划设计出虚拟主持人、AI 气象主播杨丹丹、冯小殊，以及阿准和局弟，其出色表现既为“中国天气”助力，也为品牌圈粉。

2022 年 12 月 21 日，厦门，华风集团媒体资源运营中心主任白静玉女士演讲

“中国天气”深谙品牌建设之道，善做有热度的内容、高价值的赋能、精准化的营销，是不可多得的实效推广平台。无论是热搜上常见常新的天气话题，还是身边的各式节气活动，“中国天气”早已渗透在生活的点滴中，带给大众人文关怀、审美愉悦的同时，也为品牌创造成长的机遇，让品牌的每一次出境都成为成长的积淀。

三、媒企盛典：金伙伴，铸金案

一路走来，“中国天气”在 30 多年间合作了 500 余家企业，其中不乏 20 年以上的合作者。2022 年中国国际广告节上，凭借广告主的信赖与自身实力的厚积，华风集团一举获得 2022 年度广告主金伙伴奖。华风集团党委副书记、总经理赵会强先生亲临现场接受荣誉。

在 2022 广告主金伙伴盛典暨媒企盛典，华风集团携手快克药业、以岭药业、彩虹集团三大头部品牌重磅亮相，分别斩获“2022 年度整合营销金案”，成为第 29 届中国国际广告节上的合作美谈，再次印证“中国天气”的营销价值与业界影响力。

第 29 届中国国际广告节组委会推荐华风气象传媒集团有限责任公司为“2022 年度广告主金伙伴百强”（媒体类 · 广播电视）

四、青春盛典：好创意，耀青春

品牌年轻化，不仅是年轻心智的占领，也是品牌价值的沉淀。“中国天气”自与学院奖合作以来，一直深受各大高校学子欢迎，也收获了诸多优秀作品，为此 2022 年青春盛典，特邀华风集团媒体资源运营中心副主任李婷婷女士代表“中国天气”，揭晓快克学院奖 2022 秋季征集大赛获奖名单，并与大耳牛饮品 CEO 马磊先生共同为获奖团队颁奖，以实际行动支持品牌年轻化进程、鼓励好创意。

从年轻人中来，到年轻人中去，“中国天气”的青春气象正影响着越来越多的学子，给予了气象传播无限活力，也成为品牌营销的一大助力。

2022 年 12 月 21 日，厦门，获奖团队颁奖现场

五、2023：更高、更准、更强

第 29 届中国国际广告节既是如今最稀缺的品牌发声阵地，也是广告主迎新年的第一场事件营销活动，华风集团运营的“中国天气”作为广告节上最突出的一员，带来的不仅是过往成就、现有资源，更有 2023 的期待。

在未来合作中，“中国天气”可按需营销，根据品牌诉求，组合出不同的产品和服务方案。大国名品、大国名城、节气金名片、体育金名片、乡村振兴金名片，适应各类型企业和行业的深度合作；品牌黄金周，打造品牌专属时间与场景，以低费效，实现高曝光；黄金 600 秒，锁定各大频道，在高收视时段多形式、多频次曝光，快速打开品牌知名度；另有元宇宙营销、精准营销配合推广，高效实现品牌传播目标。

2023 年，“中国天气”致力于以更高价值、更准营销、更强服务，为品牌焕新营销气象，让“中国天气”发展与品牌成长双向奔赴，共赢时代，尽展风华！

中国天气，出版发行

2022 年 12 月 22 日，第 29 届中国国际广告节——2022 长城奖作品征集大赛颁奖典礼在厦门圆满落幕。由华风集团媒体资源运营中心主任白静玉主持编写的《天气营销》荣获 2022 长城奖（广告学术类）优秀奖。

“广告之巅看长城。”长城奖始办于 1982 年，目前已成为中国广告业历史悠久、专业度强、影响深远的广告赛事活动。其中特别设立的“广告学术类”，是专为中国广告学术的研究发展与创新设立的奖项类别。2022 年 4 月征集活动启动以来得到积极报送投稿，经由专家评审，最终评选出 23 件获奖作品，有效地促进了产学研的转化与互动，推动了广告学术研究繁荣与发展。

《天气营销》荣获 2022 长城奖（广告学术类）优秀奖

一、“中国天气”品牌全新力作

《天气营销》作为气象广告领域的第一本著作，填补了以气象服务为核心的品牌营销类图书的空白。本书向公众展示了“中国天气”如何用全新的理念、站在客户和市场的角度、保持担当社会责任的姿态、实现创新营销的方法和模式。

全书分为四个部分：第一部分轻风卷，展示了“中国天气”从无到有，从蹒跚学步的天气品牌到绽放异彩营销金名片的发展历程；第二部分舒云卷，重点论述了“中国天气”品牌的营销价值和品牌内涵，最值得关注的是业内专家们对“中国天气”品牌的洞察和经典论述，这也是本书最核心和精华的部分；第三部分春雨卷，主要展示了针对政府的生态文明建设、乡村振兴、区域品牌宣传等案例，另外还有“中国天气·二十四节气研究院”的工作介绍；第四部

分惊雷卷，解析了典型的商业营销案例，侧重点不同但都有一个共同特点就是关注“民生”。

《天气营销》向公众展示了新时代、新理念下的媒体营销方法论，与众多品牌联手打造“气象＋行业”成功典范，开创合作共赢的品牌营销局面。此外，本书更是企业创新营销的工具书，书中大量的实操成功案例是企业经营者创新营销可直接套用的模板和可复制的标杆。

左一为中国广告协会广电工作委员会常务副会长田涛，
左二为北京大学新闻与传播学院院长陈刚

本书一经出版便引起了学界和业界的广泛关注。北京大学新闻与传播学院院长陈刚、中国广告协会广电工作委员会常务副会长田涛等业界专家、学者对《天气营销》给予充分肯定与高度评价。

二、更多精彩，敬请期待

本书为“天气营销”系列图书的第二本专著，旨在以最新的天气营销实战经验为指导，结合业内专家学者洞见与智慧，紧跟营销市场变化、媒体动向、战略创新，为大众展现更多、更具理论性与实践性的营销案例。

洞察新需求，迎接新气象。“中国天气”将继续发挥国家级气象媒体的创新引领作用，推动气象服务高质量发展，助力美好生态，守护美好家园，共享美好生活。

中国天气，引领未来

2023 年 7 月 18 日，由广告人文化集团、中国中外名人文化研究会联合主办，创意星球网承办的“2023Y2Y 品牌年轻节暨第十二届 ADMEN 国际大奖颁奖盛典”在北京广播大厦成功举办！众多行业大咖、品牌方、获奖企业齐聚盛会，共同见证彼此的荣誉时刻！

**2023 年 7 月 18 日，北京，2023 Y2Y 品牌年轻节暨
第十二届 ADMEN 国际大奖颁奖盛典现场**

一、共创共进，中国天气携手客户连获五项大奖

ADMEN 国际大奖，是一项聚焦全球传媒产业、文化创意产业的国际奖项，自创办以来坚持以“创新、实效”为价值导向，用极具国际视野的标准、

商业价值导向，遴选出中国广告行业发展过程中的杰出人物、优秀公司、经典案例，引领中国品牌的创新发展。

颁奖盛典现场，华风集团凭借品牌影响力、资源整合力、产品创新力、客户服务力等多方面的优异表现，成功拿下 ADMEN 国际大奖 • 商业价值总评榜。

ADMEN 国际大奖 · 商业价值总评榜

此外，华风集团还携手中国人民保险、快克药业、彩虹集团、双极水四大头部品牌，连夺四项 ADMEN 国际大奖 • 实战金案奖，实力证明华风集团的综合实力，也进一步印证了“中国天气”的品牌营销价值。

二、共享共赢，中国天气开启气象营销新纪元

“Y2Y 品牌年轻节”是一场品牌玩家的盛会，是与青年互动最真实的体验。作为本次活动的天气媒体支持单位，华风集团媒体资源运营中心主任白静玉应邀出席，发表“中国天气，引领未来”的主题演讲。

ADMEN 国际大奖 · 实战金案奖

白静玉女士从传统文化、研学游、大健康三个层面出发，与在座嘉宾分享“中国天气”的年轻化营销策略以及典型案例，她表示，“中国天气”借助“天气 + 节气”热点事件以及中国天气全媒体矩阵，打造了众多的创新性、年轻化的活动、话题，在吸引年轻群体的同时，更好地为品牌赋能。未来，“中国天气”将不断发挥文化、科技等方面优势，持续升级品牌年轻化形象，深度链接年轻人生活，开启极具文化与科技感的天气之旅。

在品牌如何战略布局的私享会中，华风集团媒体资源运营中心副主任李婷婷女士就“中国天气”的产品价值展开演讲，她表示，华风集团拥有能够适应内容营销的天气话题，并能在知识和价值层面与消费者产生共鸣，同时作为“二十四节气保护传承联盟”理事单位之一，华风集团能将节气和行业数据进行深度挖掘，研发强相关性、专业化的产品，为品牌赋能。

近年来，“中国天气”不断创新营销思路，打造多元化、生活化、定制化的产品，开展公益化的传播，引领独特的文化 IP，通过线上与线下的融合、品牌与内容的融合、公益与商业的融合，最终构建出深层价值，带来全域商机。

未来，“中国天气”将一如既往，永不止步，充分发挥国家级气象媒体的创新引领作用，继续聚焦品牌与观众的新时代需求，为中国品牌注入源源不断的发展动能。

2023 年 7 月 18 日，北京，华风集团媒体资源运营中心主任白静玉做主题演讲

2023 年 7 月 18 日，北京，华风集团媒体资源运营中心副主任李婷婷做主题演讲

中国天气，荣膺盛誉

2023 年第 30 届中国国际广告节，恰逢中国广告协会成立 40 周年，近千家参展参会企业和全国广告人、传媒人、品牌人代表同聚厦门，共襄盛事！华风集团作为中国气象局授权的对外开展媒体公众气象服务的龙头单位应邀出席，不仅斩获多项重量级荣誉，更在中国国际广告节展现了“中国天气”的营销力！

一、栉风沐雨　贡献中国天气力量

华风集团是中国气象局直属企业，是面向全国气象服务市场开发、拓展与经营的重要窗口。数十年来，华风集团以“中国天气”的国家级高度，关注民生、弘扬公益的温度，根脉文化、挖掘人文价值的深度，创造发展了深受广大受众喜爱与认可的“中国天气”金名片工程、品牌黄金周等。而作为这些现象级 IP 的推动者、引领者，华风集团媒体资源运营中心主任白静玉女士，也凭借多年的贡献和行业影响力，在以“栉风沐雨四十载　逐梦扬帆新征程”为主题的中国广告协会成立 40 周年纪念大会上，被授予了“积极贡献者”荣誉称号，这是对白静玉女士贡献的认可，也是对“中国天气”的肯定。

二、华风集团　实力所至　荣誉所归

2023 年 11 月 17 日，一年一度的广告传媒行业盛会——中国国际广告节盛大启幕，在承载着行业趋势前瞻、优秀成果表彰、创新价值探索功能的广告主金伙伴盛典上，众多备受瞩目的广告主企业、媒体平台与品牌服务机构齐聚一堂，共同登上分享智慧、展示风采、见证辉煌的荣耀舞台。

经过对策略能力、IP 资源、资源整合、案例成果、社会责任五大维度的系统评估，华风集团凭借出众的媒体资源优势、多元化的营销传播战略、专业的综合性服务团队，荣登 2023 年度广告主金伙伴百强榜单。

2023 年度广告主金伙伴奖项

此外，华风集团与史丹利农业集团股份有限公司选送的“史丹利携手‘中国天气’，创造美好农业，服务美好生活”、与中国人寿保险（集团）公司选送的“借力天气营销，中国人寿守护百姓美好生活”、与中国人民保险集团股份有限公司选送的“携手‘中国天气’，中国人保温暖美好中国”、与海南快克药业有限公司选送的“把脉天气 守护健康——快克重构天气营销生态圈”分别荣膺年度整合营销金案，再次印证“中国天气”的营销人气与实力！

三、新气象 新传播 新期待

2023 年 11 月 18 日，第 30 届中国国际广告节·传媒趋势论坛也邀请了华风集团媒体资源运营中心主任白静玉女士做了精彩的演讲。白静玉主任以“新气象 新传播”为主题，从公信力、文化、自然流量、传播生态等方面深入浅出地分享了气象领域在新时代背景下是如何做好传播的。

2023 年度媒企合作案例奖项

白静玉主任提到，权威媒体因其公信力，一直是品牌传播的刚需，所以品牌首先要选好权威传播平台合作；在满足刚需之后，再做传播深度，对于“中国天气”而言，二十四节气文化便是需要深度挖掘与打造的价值；之后找到自然流量，顺势炒热品牌，而天气向来关注度极高，自带流量属性，并且可以在一些防灾减灾的科普中自然而然地与品牌进行绑定植入，将天气流量自然地转化为品牌流量；再加上“中国天气”经年累月发展，现今已构建了良好的传播生态，拥有着 1500 多万的矩阵和铁粉，可提供全媒体服务。这样一个集公信力、文化深度、自然流量、传播生态于一体的权威平台，也成为众多品牌传播的心仪之选。

在此基础上，华风集团还打造了“中国天气”金名片工程，为其深度赋能，品牌和产品适配度极高。白静玉主任在论坛上介绍，“中国天气”金名片工程至今已经走到第五个年头，以民生、节气和农业品牌三大类覆盖了各行各业。第一个民生金名片，包罗了衣食住行，与人们的生活生产息息相关，品牌可根据需要选择“天气守护品牌”的冠名、天气提醒的冠名、公益冠名及科普、预警等相关联性的服务，还可以通过“中国天气”快手、抖音，各种微博账号等新媒体矩阵进行品牌传播。第二个节气金名片，官方推出了五大维度的产品，针对政府、文旅，设计了节气之城和节气之旅；针对行业，2023 年首发的是节气与大健康，“中国天气”还做了很多节气的科普、短视频海报以及文章，并且打造了文创产品，更深度地植入节气文化。第三个农业品牌金名片，拥有10亿农村人群关注的最精准、最下沉的CCTV17农业农村频道结合节气物候和物产，推出农耕与节气的节目和科普，再加上乡村振兴的直播带货以及相关公益等，让“中国天气”成为农业品牌传播的“金伙伴”。

2023年11月18日，厦门，华风集团媒体资源运营中心主任白静玉做主题演讲

四、中国天气　展现气象潜力

华风集团作为权威媒体代表，还应邀参加了第30届中国国际广告节媒企展示交易会。这既是中国广告节最大的行业主流品牌年度展，也是中国国际广告节上最大的行业展览，2023年更是聚集了来自全国的主流媒体、广告公司、代理公司、广告主等数百家企业以及高校，真正搭建了广告及文化产业的媒企、校企之间的实效交易、交流平台。华风集团与众多全国知名广播电视媒体、互联网媒体、移动互联网媒体、户外新媒体、行业协会、知名品牌企业高调亮相，展现了当代优质电视媒体的力量，更为“中国天气”再赢得一波人气与认可。

2023 年 11 月 18 日，厦门，第 30 届中国国际广告节媒企展示交易会现场

第 30 届中国国际广告节汇聚了中国品牌的核心服务力量，作为最受瞩目的权威媒体之一，华风集团展现了“中国天气”的营销价值，引领了电视媒体的发展。未来，“中国天气”金名片工程还将为我们创造哪些金案？让我们一起期待！

觉醒篇

风起扬帆　厚植信仰

笃行创变谋略逆势而上，聚力启程领耀探索前行。

变革驱动与聚力前行

2019年9月16日，中国气象局在北京举办“中国天气”金名片资源发布会。“中国天气”金名片工程以CCTV黄金时段——《新闻联播》后《天气预报》栏目为核心，融合“中国天气”品牌旗下全媒体资源，全力打造大国名企、名品、名城、名景，为强国品牌发声，为美丽中国助力。

“中国天气”金名片工程主动融入和服务现代化经济体系建设，并于2023年实现金名片工程谱系全面迭代升级，提出生态文旅金名片、民生公益金名片、节气金名片、乡村振兴金名片四大金名片升级方案，目前已有25个省份超150个城市参与“中国天气”生态金名片展播。我们与各地政府部门以及各行业领军品牌共同探索特色节气文化与气候生态产品价值实现，切实做到将绿色发展融入地方经济，让生态底色嵌入人民美好生活。

山海有情浸染绿色经济

——生态文旅金名片

站位国家级平台高度，汇聚央视重磅资源，引领生态宣传风向，强势占据电视媒体制高点，构建强有力的主流媒体收视阵地，节目覆盖早、中、晚重要时段；同时，紧随国际热点，聚焦全球视野，助推生态文明建设大格局，推动绿色发展，向世界展示我国生态文明建设成果。

这个解决方案绿色高效

2023 年是全面贯彻落实党的二十大精神开局之年，也是文旅复苏、全面推进乡村振兴的关键一年。“中国天气”作为中国气象局精心培育的国家级气象服务品牌，积极响应党和国家号召，主动融入气象高质量发展，延伸气象服务触角，助力气候生态产品价值实现，践行关注生态、关爱民生的初心，构建集央视黄金资源、国家级新媒体矩阵、创新性服务产品于一体的全媒体宣传格局，打造“一站式、全方位、立体化”的宣传方案，大力提升气候生态产品知名度，加强产品影响力，进一步助力气候生态产品转化为看得见的经济、社会与公益价值。

一、“中国天气”四步走赋能气候生态产品价值转化

“中国天气”作为国家级气象服务品牌，以多样态的产品资源、渠道资源、电视媒体资源、新媒体资源和赋能资源为支撑，为气候生态产品提供“一站式、全方位、立体化”宣传方案。

“中国天气”旗下产品资源形态众多，包括多次助力品牌登上微博等平台

热搜的新媒体地图资源、“中国天气”官方商城节气臻选、凸显时令产品特色的节气直播，以及短视频、AI 产品资源等近百种产品，并以央视、网易、新浪等多个高日活平台的渠道资源为助力，气候生态产品进一步铺开触达圈层。

与此同时，覆盖 14 亿受众、包含 69 档节目的“中国天气”旗下黄金资源——央视《天气预报》栏目矩阵以全天 378 分钟的时长全时段为气候生态产品宣传提供助力，除却传统电视资源外，“中国天气”打通大小屏，联合包含央级权威新媒体矩阵、《天气预报》官方矩阵、“中国天气”传播矩阵在内覆盖 2350 万粉丝的新媒体资源，借助由央视气象主播、各地气象主播、虚拟气象主播等国、省主持人形成的 MCN 矩阵，将气候生态产品垂直传达至用户视野。

依托与气候生态紧密相关的全渠道资源，“中国天气”在完成多维度的气候生态品牌打造后，分析品牌建设现状与问题，“对症”组合定向资源，依托大声量的主流媒体发声扩大宣传势能，助力气候生态产品扩大传播声量，提升社会范围知名度，在此基础上布局新媒体，占领用户心智，利用年轻化的社交媒体引流，用最热的天气主题讲故事，多元产品激发消费者兴趣实现“种草”，继而通过“中国天气”官方直销渠道帮助气候生态产品实现一站式宣传、种草、销售，达成“打造、宣传、引流和转化”四步走助力计划，促成消费者行动，助力气候生态产品变现，拉动气候生态品牌创建地经济。

二、权威主流媒体发声，将气候生态品牌告诉消费者

在中国气象局大力指导支持下，气候生态品牌创建趋势向好，目前已建立 313 个“中国天然氧吧”、58 个“中国气候宜居城市（县）”、38 个“避暑旅游目的地”和 11 个“中国气候好产品”。然而气候生态品牌不仅要建起来，更要走出去、入人心，在实现 IP 的打造后，要接续进行 IP 的传播，以期最终实现 IP 的转化，这就要求气候生态品牌要加大创建后的宣传与转化力度，将生态产品价值转化为实实在在的经济效益与社会效益。

“中国天气”传播矩阵，尤其是其中作为黄金资源的央视《天气预报》栏目具备三大价值：第一，超级覆盖。在 12 个国家级平台的 69 档节目中播出，节目总时长 378 分钟，广告总时长超过 70 分钟，约 19:31 播出的 CCTV《新闻联播》后《天气预报》栏目收视率达 3.05%，市场份额占 13.71%，能够助

力气候生态品牌占据全天候收视高峰。第二，超高性价比。《天气预报》栏目兼具传播规模与性价比，与央视、卫视主要频道最高收视时段相比，收视率遥遥领先，且千人成本仅 1.95 元，远低于央视、卫视主要频道。第三，超级匹配。《天气预报》栏目是生态文旅宣传的聚集地。根据 CTR 2022 年新闻联播《天气预报》窗口广告效果调查数据，57% 的观众希望在《天气预报》中看到风景、旅游相关的窗口画面内容，69% 的观众认为城市形象图片展播有利于城市旅游业的发展。氧吧生态、避暑目的地、气候产品、气候宜居与气象媒体内容更贴合节目气质，易于获得用户注意力与认可。

（一）抢占传播制高点，国家级平台黄金时段助力创建地生态形象展播

CCTV《新闻联播》后《天气预报》栏目由中国气象局与中央电视台双重背书，处于 CCTV-1、CCTV- 新闻频道黄金时段的最核心位置，与《新闻联播》《焦点访谈》共同构成了中国观众观察时政、社会、国际、自然变化的最重要窗口，同时也是央视全天收视高峰，拥有强大的群众基础。以该节目为支撑，进行气候生态品牌创建地生态形象展播，通过中小城市开窗，以“1+N”模式联动实现省会城市与特色气候生态产品一系列展播，全方位将生态产品建设成果传达至亿万受众。

CCTV《新闻联播》后《天气预报》栏目展播效果

（二）锁定户外休闲人群，多地市多景观灵活展示气候生态产品

基于 CCTV-5《体育天气》《运动休闲城市预报》栏目，在广告窗口左侧

展播气候生态品牌创建地好风光，右侧专项推广气候生态产品内容，将生态产品与体育休闲融合，定制针对性预报服务与生态产品宣传展播，科学性地展示生态气候特色，助力好生态、好去处亮相国家级权威平台。

CCTV-5《体育天气》《运动休闲城市预报》展播效果

（三）精准定位“三农”，定制化栏目下沉乡县

《农业气象》《四时氧吧》节目覆盖 CCTV-17 早间、午间和晚间的重要时段，开设区县级展播窗口，下沉乡县，触达 5 亿农民，拥有强大的群众基础。区域性天气预报结合区域气候好产品展播，科学性地展示气候好产品生态奥秘。

CCTV-17《农业气象》《四时氧吧》展播效果

（四）铺开广度，覆盖年轻化人群

为适应公众当下媒介使用习惯变化，布局用户私域生态，整合央视、“中国天气”、《天气预报》三大国家级新媒体矩阵，打通了包括微博、微信、快手、抖音、头条等在内的各新媒体传播渠道，为气候生态产品定制系列专栏报道，用深度内容讲述气候生态产品的发展故事。

三、社交媒体引流，激发消费者体验兴趣

为占据用户心智，“中国天气”利用天气与生俱来的高自然流量制造话题，助力用户种草气候生态产品。

当前，中国天气新媒体平台总粉丝数已突破2350万，全媒体服务产品浏览量近400亿次，并通过国、省、市、县四级气象媒体形成超级社交圈，联动制造话题，合力打造亿级传播现象。

（一）创意地图产品呈现全国气候生态好景观、好去处、好产品

“中国天气”独家研发的好物推荐地图、气象景观地图、赏景地图等多种地图产品，多次被《人民日报》、新华社、央视新闻等主流媒体转发，登上微博热搜，借力推荐地图呈现全国气候生态好景观、好去处、好产品。

（二）打造特色短视频，提升气候生态产品品牌曝光度

构建新服务，利用短视频、直播等多种服务模式，打造全媒体服务产品，“中国天气”主播化身气候生态产品推荐官，推荐气候生态品牌创建地的美景、美食、民宿，提升气候生态产品品牌曝光度。主播沉浸式带领公众体验深度游线路，基于抖音、微信视频号、微博视频等新媒体平台形成一定的传播热度，吸引用户对气候生态产品产生兴趣。

四、全链路一站实现转化，拉动创建地经济

为促成消费者行动，助力气候生态产品变现，拉动创建地经济，“中国天

气”助力气候生态品牌定制“节气臻选”系列直播，通过知识型直播带货，气象主播直观展示、科学介绍气候生态产品的生态优势与品质优势，增强气候生态产品的公信力与核心竞争力，同时入驻“节气臻选”商城，打造转化闭环，以内容直链销售渠道，有效提升气候生态产品品牌转化力。

此外，“中国天气”还将助力气候生态品牌创建地创办具有生态气候特色的旅游研学基地，打造基础教学设施和适宜观测环境的教学基地，根据当地气候风物风光特点，制订气候研学课程计划，设置夏季 / 冬季物候观察观测区、气象研学课堂体验区、生态旅游消费娱乐活动区等，促使寓教于乐、知行合一，打造赴地盈利产品。

构建国省联动气象生态圈

为进一步发挥“中国天气”品牌服务地方经济的社会价值，发挥国、省、市、县联动合力，带动地方气象部门创造更大的社会效益及经济效益。2023 年 3 月 27 日，由中国气象局应急减灾与公共服务司指导，中国气象局公共气象服务中心、华风气象传媒集团联合承办，河北省气象局、雄安新区气象局协办的“中国天气”品牌建设研讨交流会在雄安圆满举行。

中国气象局原副局长矫梅燕、中国气象局计财司、公共服务中心、华风集团以及来自 18 个省份的气象部门及相关单位领导、代表受邀参会。华风集团党委书记、董事长李海胜参会并主持研讨，党委副书记、总经理赵会强主持会议。

2023 年 3 月 27 日，河北雄安，“中国天气”品牌建设研讨交流会现场

本次会议以习近平总书记关于气象工作重要指示精神为宗旨，坚决贯彻“生命安全、生产发展、生活富裕、生态良好”“监测精密、预报精准、服务精细”要求，结合全国气象高质量发展工作会议精神和《气象高质量发展纲要（2022—2035 年）》要求，研讨如何贯彻落实中国气象局党组书记陈振林提出的“提高生命生产生活生态气象保障水平，创服务水平之新”。会议聚合多方资源与优势，围绕“中国天气”品牌建设展开深度研讨，以“中国天气”金名片三大子工程为融合发展“新引擎”，全面有效地推进“中国天气”品牌建设与赋能发展工作。

一、共建国家气象“大品牌”共谋创新服务“大发展”

“中国天气”作为中国气象局精心培育的国家级气象服务品牌，从 2018 年推出至今，在各级气象部门努力下，已成为全国气象服务的标杆与金字招牌。作为品牌建设引领者，中国气象局原副局长矫梅燕首先肯定了“中国天气”品牌在气象业务、新媒体建设、品牌拓展方面的发展和进步，指出本次研讨会以落实习近平总书记关于气象工作重要指示精神为方向，以明确推动气象服务高质量发展思路为目的，是气象服务高质量发展与品牌打造的重要举措；其次，新形势下将面临新挑战，公共服务产品需要适应新时代发展要求，不断提升其传播范围与影响力，在多元化、多平台、多渠道传播背景下，对品牌打造提出更高要求；最后，品牌建设需要相关部门上下联动，特别是要发挥好气象部门的体制优势，做好优势互补、资源共享，共同构建“全谱系”全国营销体系，真正把“中国天气”品牌擦亮。

2023 年 3 月 27 日，河北雄安，中国气象局原副局长矫梅燕发表会议致辞

公共服务中心副主任郑江平提出，希望可以通过各单位协同努力，把“中国天气”品牌建设成为服务和保障民生的重要平台，在提升公众满意度的同时，在扩大内需引导消费升级上，将“中国天气”品牌的真正效益发挥出来。

二、构建气象媒体“新生态”打造融合发展“新引擎”

2023 年 3 月 27 日，河北雄安，华风集团党委书记、董事长李海胜主持研讨环节

中国气象局积极主动融入国家战略，将助力“美丽中国”建设作为气象事业发展的重中之重，华风集团董事长李海胜强调指出，“中国天气”作为气象服务龙头企业、气象科技创新平台，全方位促进气象系统上下联动，优势互补。一方面，依托气象数据与信息技术，以高质量产品为基础，为公众提供分众式、个性化、定制化的智能气象服务，为“中国天气”发展提供坚实的产品支撑；另一方面，贯彻落实国家重大战略方针部署，不断推进品牌发展与合作共融，开展全方位、宽领域、深层次的合作共建。“中国天气”金名片系列工程表现尤为突出。它依托央级栏目黄金时段稀缺资源 CCTV《新闻联播》后《天气预报》栏目为核心资源，主动融入和服务现代化经济体系建设，建立“气象 +”服务模式，充分发挥公众媒体气象服务能力，激活国、省融媒体平台服务传播矩阵，围绕大国名企、名品、名城、名景四大方向，针对地方政府城市宣传，打造“中国天气”金名片工程谱系，派生出“生态文旅金名片”“农业品牌金名片”“教育科普金名片”三大子工程，全力打造气象助力城市产业融合发展“新引擎”，实现社会效益、经济效益和生态效益。此外，“中国天气”品牌建设也加速促进气象在融媒体发展中的合作进程。在国、省联动前提下，逐步提高服务覆盖面与影响力，将品牌发展与资源赋能融入地方经济建设、政治建设、文化建设、社会建设各方面和全过程，共同构建全国气象媒体新生态。

三、深耕细作营销“强策略”气象赋能经济“强融合”

会上，针对地方经济特色与发展需求，公共气象服务中心公众服务室赵帆主任、华风集团天译公司总经理刘轻扬、媒体资源运营中心主任白静玉分别就分管领域做了大会分享，提出了“中国天气”品牌发展的建议和主张。多个省、市、县气象部门及相关单位领导与代表进行研讨交流，在强化“中国天气”品牌建设、明确品牌定位、提升扩展气象服务领域、建立合作机制、驱动国、省发展战略合作等方面展开探讨，共同探索合作共赢新路径。

同时，对于“中国天气”品牌在助力地方政府城市形象宣传与生态文明建设方面的工作，来自绍兴、廊坊、福建、内蒙古、河北等地气象局的代表纷纷表态，充分肯定了“中国天气”金名片工程在城市赋能、产融发展方面达到了主动出击、多重发力、持续推进、提升效益的效果。

坚持创新驱动，增强发展动能。“中国天气”品牌成立至今，已成为覆盖八亿人群、获得千万公众认可的国家级气象品牌。未来，在“国省市县”运营联盟机制下，“中国天气”品牌必将为推动气象融入美丽中国建设做出贡献。

用绿色编织美丽故事

2023年春节，旅游经济在沉寂三年后重启，旅游消费回暖，为各地经济复苏注入了活力。随着经济形势好转，各地政府也加快了宣传步伐。据统计，2022年全国300多个地市及景区在央视进行了宣传，抓住了旅游业复苏的最佳时机。根据国家统计局数据，2023年国内出游人次48.91亿，同比增长93.3%。

“中国天然氧吧”作为国家级的创建活动，是中国气象局国家气候标志的重要品牌，对推动生态旅游、乡村振兴、绿色经济发展具有重要意义，可带来生态效益、经济效益和社会效益。同时，调查显示，公众主要通过主流媒体、气象部门以及自媒体了解中国天然氧吧，选择合适的平台进行宣传可以事半功倍。

“中国天气”具备政府宣传的四大优势：

一是站位高。“中国天气”最核心的资源是央视黄金时段的CCTV《新闻联播》后《天气预报》栏目，它不仅仅是新闻联播的一部分，也是各级政府的必看节目，是国家级平台上最重要的宣传阵地。

二是频次高。在CCTV-1、CCTV-2、CCTV-4等12个国家级平台上，凡是收视高点都是《天气预报》节目。CCTV《新闻联播》后《天气预报》栏目的收视表现尤为突出，其收视率与市场份额连续十二年都是双料第一。

三是性价比高。与央视、卫视主要频道最高收视时段相比，《天气预报》收视率遥遥领先，但是其价格远低于其他频道，是宣传高地、价格的洼地，兼具传播规模与性价比优势。

四是匹配度高。《天气预报》栏目是生态文旅宣传的聚集地。通过对全国1800多位电视观众进行问卷调查，结果显示，旅游风景图片、城市形象、旅游产品与《天气预报》节目更贴合，较符合节目气质；城市通过《天气预报》内容进行形象宣传更有利于城市旅游业的发展。

结合以上四大优势，制定出来的宣传策略可以说是为氧吧量身打造。重点通过国家级权威主流媒体进行发声，在CCTV-1、CCTV-13新闻频道并机播出的《新闻联播》后《天气预报》中，展示氧吧的生态成果，打造一省一张的生态文旅“金名片”，把氧吧城市的好生态、好景观、好产品告诉广大消费者。CCTV-17 两档节目同步配合，作为氧吧重点宣传平台，讲述氧吧生态故事，推荐氧吧好产品，打造四季氧吧的旅游目的地；除此之外，这两年也是体育赛事营销大年，可通过 CCTV-5 体育频道，锁定户外休闲人群，发展体育经济，让更多注重养生注重锻炼的人都来氧吧。

与此同时，还可利用社交媒体进行引流，利用天气话题制造流量，激发消费者体验兴趣。通过上热搜、强推荐、做活动等营销手法，针对不同景观、物候打造专属旅游地图产品，并调动“中国天气”MCN 机构中的 90 位气象主播，成为中国天然氧吧推荐官，打造“跟着主播游氧吧”的线上活动，通过“中国天气”新媒体矩阵以及地方私域流量共同宣发。以主播的流量影响加乘节气内涵，量身打造的氧吧之旅线下活动，可在新媒体上达到超高曝光量。

最后，通过产业融合，从“农业 +”“教育 +”“文化 +”三个方面加大产品供给，刺激消费及地方经济，打造全链路的产业转化。将氧吧特色农产品进行梳理，结合成熟季节，打造好物推荐地图，利用直播进行宣传。推动中国天气 · 二十四节气研究院、研学机构、地方政府三方共同合作，打造氧吧的研学教育基地，搭建教学基地和提供课程，如物候观测、研学课堂、创意活动等，实现最美课堂在氧吧。选取氧吧最具代表性的设计元素，打造成文创产品，形成氧吧特色的物候文创，让大家来到氧吧的时候可以将美好回忆带回家。不同的氧吧都有自己最具特色和魅力的地方，总的来说，我们要利用“中国天然氧吧”去推动地方生态文旅、乡村振兴、绿色经济发展，通过有效的宣传策略，让更多的人了解和参与到氧吧的建设中来，共同为高质量绿色发展贡献力量。

小善大爱携手风雨同舟

——民生公益金名片

气象公益发展与众多优秀企业、政府机构相伴相生，相辅相成。“中国天气”一直坚守公益初心，打造“公益生态圈”助力美好生态，打造“公益价值圈”守护美好家园，打造“公益朋友圈”共享美好生活。

关注民生　向光而行

为全面推进健康中国战略，推动气象现代化建设融入百姓健康生活，2023年10月17日，“中国天气”节气与大健康行业应用发展大会在华风集团融媒体演播中心进行。

该会议由中国气象局华风气象传媒集团主办，来自中国气象服务协会、中国气象局公共气象服务中心、中国气象学会、中国广告协会、广告人文化集团、央视市场研究等相关领域的领导与业界专家，以及中国疾病预防控制中心、中国中医科学院、央视总台《健康之路》、中国人保、中国人寿、快克药业等大健康相关行业代表应邀出席本次会议。

华风集团党委书记、董事长李海胜，中国气象服务协会常务副会长孙健，中国气象学会秘书处科学普及部处长张伟民先后发表致辞，充分肯定了“中国天气”作为中国气象局精心培育的全国性气象服务品牌，始终坚持人民至上、生命至上，积极融合电视、网站、新媒体等气象全媒体资源，不断创新媒体服务产品，打造了以生态文旅、农业品牌、大健康为主要内容的国家级气象媒体服务体系。在全面推进健康中国战略基础上，推动气象现代化建设融入百姓健康生活，在品牌赋能、民生公益等领域创造更高价值与优势。

2023 年 10 月 17 日，北京，“中国天气”节气与大健康
行业应用发展大会会议现场

2023 年 10 月 17 日，北京，华风集团党委书记、
董事长李海胜发表会议致辞

2023 年 10 月 17 日，北京，中国气象服务协会常务副会长孙健发表会议致辞

2023 年 10 月 17 日，北京，中国气象学会秘书处科学普及部处长张伟民致辞

随着现代医学研究逐步深入，确定了气象因素与人体健康密切相关，“顺天气而为”越发被人们所关注。了解疾病对哪些气象要素有较高的敏感性，确定定量影响关系，是开展健康风险预测的科学基础。

中国气象局公共气象服务中心公众服务室主任赵帆，中国疾控中心慢性病中心副主任、教授王丽敏分别以“气象健康研究探索与实践”“我国慢性病流行状况和监测体系”为题做了主题分享与报告，详细介绍了国家级健康气象业务、气象与健康相关研究结论、需求及应用，以及开展气候变化对健康影响研究的未来发展方向。

近年来，中国天气·二十四节气研究院联合国内重点科研院所、高校与行业龙头企业开展了大量研究项目，“节气变化与感冒趋势联合研究院”是其中跨领域、跨学科的创新合作代表，是“节气+”的全新超链接。在此基础上，公服中心、华风集团和快克药业三方联合签署“气象及环境条件对流行性感冒的可预报性研究”项目，先后发布了“节气变化下的流感趋势”研究成果以及《气象及环境条件与流行性感冒趋势预测白皮书》，开启了感冒与节气变化研究的新方向与新征程。

会上，中国天气·二十四节气研究院常务副院长宋英杰做了“节气视角下流感发生规律探析”主旨报告，强调了节气时令是自然节律，跟着节气过日子是一种中国式生活美学。通过对流感样病例的节气时段占比以及分布等数据的收集与研究，可以探析到流感发生的规律。

2023 年 10 月 17 日，北京，中国天气 · 二十四节气研究院
常务副院长宋英杰做主旨报告

针对大健康行业发展现状及未来趋势，华风集团媒体资源运营中心主任白静玉，结合“中国天气”全媒体平台资源与天气大数据系统，做了“节气与大健康行业应用媒体产品发布”报告，阐述了在服务国家、服务企业、服务公众的背景下，节气与大健康创新应用联盟组建的意义与目的，详细介绍了“中国天气”如何聚合产业优势，打造出央媒类、直播类、科普类、活动类四大产品方向，扩容“信任生态圈”。

2023 年 10 月 17 日，北京，华风集团媒体资源运营中心主任白静玉现场介绍“中国天气”金名片具体资源

为打造全链条节气健康服务体系、助力完善国民健康防治决策、携手更多领域与品牌深挖活用节气内涵，华风集团董事长李海胜、中国天气·二十四节气研究院常务副院长宋英杰现场授予 16 家企事业单位“节气与大健康创新应用联盟”伙伴称号。

同时，代表“中国天气”与行业融合的媒体传播新途径——人保天气守护舱、快克天气健康舱也在本次大会上正式揭牌，这意味着双方在今后合作中，将继续遵循二十四节气系统构建顺时、应时、全时的国民健康观，共同构筑百姓健康“防护网”，呵护国民健康。

2023年10月17日，北京，现场授予中国人保、中国人寿、快克药业等16家企业“节气与大健康创新应用联盟”伙伴称号

2023 年 10 月 17 日，北京，天气守护舱与天气健康舱

2023 年 10 月 17 日，北京，与会嘉宾在圆桌论坛环节发表观点
（从左至右：陈特军、岳广欣、田丰歌、王志昊、马艳霞）

2023 年 10 月 17 日，北京，与会嘉宾在圆桌论坛环节发表观点
（从左至右：田涛、金国强、穆虹、林如海、鲍东奇、王旭东）

为更好挖掘与赋能节气中的“健康密码”，让其在现代市场经济背景下发挥出最大价值，会议现场还邀请了来自健康、传媒、广告行业的多位专家及代表，共同探讨新时代下大健康行业的营销新理念，以及浅谈“中国天气”与品牌合作的创意发展方向。

作为获得千万公众认可的国家级气象品牌，未来，“中国天气”还将继续发挥气象媒体的宣传引导作用，依托国家级媒体平台，携手更多行业品牌客户，增进健康福祉，让优质节气健康服务惠及更多人民群众。

心系公益　有你有我

2019 年，在新中国气象事业 70 周年之际，习近平总书记专门作出重要指示，指出气象工作关系生命安全、生产发展、生活富裕、生态良好，做好气象工作意义重大、责任重大。2022 年，国务院出台《气象高质量发展纲要（2022—2035 年）》，开篇提出气象是科技型、基础性、先导性的社会公益事业。

“中国天气”作为中国气象局对外服务的国家级 IP，以及最具影响力的中国气象服务品牌，肩负着防灾减灾、服务社会、改善民生的使命，是美丽中国的建设者、守护者和传播者。自创立以来，“中国天气”一直坚守公益初心，打造“公益生态圈”助力美好生态、打造“公益价值圈”守护美好家园、打造“公益朋友圈”共享美好生活。

与此同时，气象公益发展与众多优秀企业、政府机构相伴相生，相辅相成。品牌为气象公益发展提供物资、创意等有利条件，气象公益则助力品牌履行社会责任、强化品牌价值观等。“中国天气”与众多企业与城市联合开展公益宣传、公益捐赠、学术研究等多种公益行动，“双向奔赴”共同助力气象事

业实现高质量发展。

2022 年 11 月，“中国天气”与业界权威调研机构央视市场研究（CTR）联合研发“中国天气公益品牌影响力指数评估体系”，旨在对在气象公益事业中作出不懈努力和杰出贡献的企业与城市品牌进行评选和表彰。

评估体系框架方面，从引导力、传播力、影响力和创新力四大角度出发，评估品牌气象公益情况：以引导力为导向，强调社会公共利益的体现和对公益事业发展的推动和示范作用；以传播力为保障，要求公益实践实现广泛传播与触达，产生知名度；以影响力为目标，评估公益实践的社会影响力与口碑；以创新力为活力，鼓励公益实践在切入角度、创意、传播等方面大胆创新。

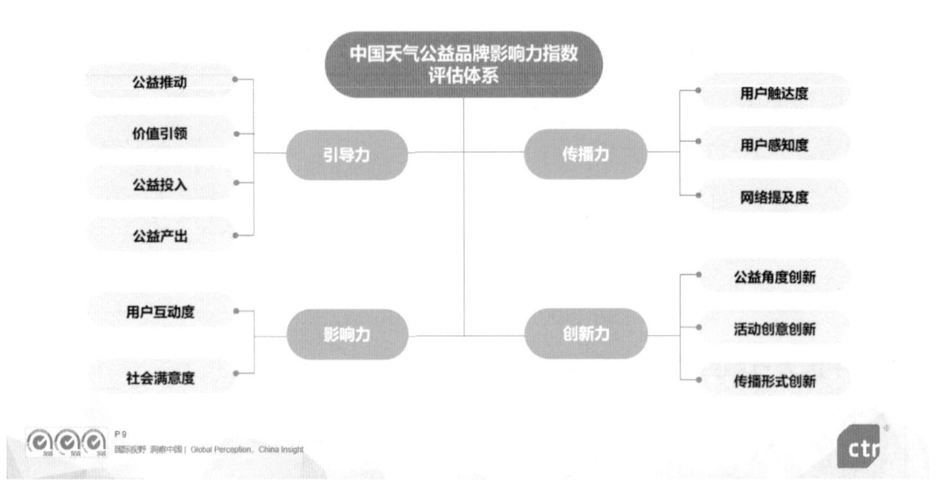

评估体系细分维度

明确客观的评选标准制定和简洁明了的评选程序设置，保证了评选过程的流畅性和评选结果的科学性。其中，评估体系的量化包括系统的定量用户调研、全媒体覆盖的 CTR 传播效果监测、专业的专家团队评审等。

经过长达一年的精心筹备与严格评选，2023 年 11 月 22 日，在“中国天气”金名片工程资源发布会暨节气文化传承与应用发展大会上，“中国天气”与央视市场研究（CTR）联合发布“中国天气公益品牌影响力风云榜”，公布“中国天气公益品牌影响力领航企业”“中国天气公益品牌影响力领秀城市”以及“中国天气公益品牌影响力节气传播领跑者”三大榜单的获奖名单。

2023 年 11 月 22 日，遵义，现场授予中国人保、史丹利、快克药业等 10 家企业“中国天气公益品牌影响力领航企业”荣誉称号

2023 年 11 月 22 日，遵义，现场授予浙江绍兴、广东深圳、云南曲靖等 10 个城市“中国天气公益品牌影响力领秀城市”荣誉称号

2023 年 11 月 22 日，遵义，现场授予安徽淮南、贵州黔南、快手、科大讯飞等 8 家单位“中国天气公益品牌影响力节气传播领跑者”荣誉称号

“中国天气公益品牌影响力指数评估体系”的构建与风云榜的发布，是“中国天气”推进气象公益发展的一次全新探索与实践，为致力于气象公益事业的企业、政府机构提供公平、公正的评选和表彰平台，推动从气象公益角度积极履行社会责任的队伍不断壮大。

以此为新起点，“中国天气”将继续坚守公益初心，以更高价值、更强服务与更多品牌同心同行，共同探索气象公益合作新领域，传递品牌温度，弘扬公益正能量。

百姓健康由我守护

2021 年以岭药业 5 个专利药入选“中国家庭常备药”榜单；连续七年进入“中国中药研发实力排行榜”；荣获“最具社会责任上市公司”“年度优秀创新能力医药健康公司”等称号。这些亮眼的成绩与长期深耕中医药研发、传承创新中医药密不可分，更离不开企业内功的修炼。

内外需兼修，基于品牌信任促成的消费者认可与购买，也同样重要。以岭药业借助权威媒体平台与核心药品所积累的品牌能量，进一步增加了品牌曝光量，增强了消费者对以岭药业的记忆度。

要想在全国众多的中医药品牌中脱颖而出，合作伙伴和投放策略至关重要。“关心冷暖”是 CCTV《新闻联播》后《天气预报》栏目最有温度的特色标签。在广播电视的发展历程中，很少有这样一档专业化节目，能够每晚准时出现在《新闻联播》后的黄金时段，给予观众四十多年的守候与陪伴。

随着时代的发展，人们获取天气信息的渠道越来越多，信息愈加丰富。但 CCTV《新闻联播》后《天气预报》栏目作为一档拥有超高国民关注度的电视预报节目，是大多数老百姓每天必看的节目之一。

作为央视黄金强档资源，CCTV《新闻联播》后《天气预报》节目在 CCTV-1 和 CCTV-13 新闻频道并机播出，2022 年在 CCTV-1 节目中年均收视份额全国排名第一，创 8 年来最高值，是全国唯一一个电视观众规模超 10 亿的频道；2022 年栏目平均收视率为 3.05%，稳居同时段第一，平均市场份额为 13.71%，在各月的市场排名中均位列第一。

一首《渔舟唱晚》是其最有记忆点的标志性旋律，同时被记住的还有栏目中的景观窗口广告。景观窗口广告具备了广告资源的多重属性，能够将品牌形象与气象服务巧妙地融合在一起，既不影响观众观感，又能通俗易懂地传达品牌信息，增强品牌记忆度。

多年以来，“中国天气”始终将服务百姓福祉的初心贯彻在气象服务领域，影响着人们生产、生活的方方面面。从衣食住行到安全健康，“中国天气”不断回应人民的心愿和期盼，以优质气象服务成果普惠百姓。

同样的关怀，同样的呵护，既有天然的契合性，又有品牌上的默契度，以岭药业与“中国天气”决定携手合作将百姓生活放在心里，将民生保障落到实处，借助形式多样的传播活动及服务，共同打造“民生金名片”，见证美好生活。

2022 年 1 月 1 日，以岭药业登陆 CCTV-5 体育频道《运动休闲城市预报》

2022 年，“中国天气”为以岭药业全力打造专属立体化传播服务方案。根据流行性感冒季节周期，灵活投放 CCTV《新闻联播》后《天气预报》栏目；结合体育赛事热点，亮相 CCTV-5 体育频道，守护大家的运动健康；未来还将通过新媒体产品将以岭药业技术创新与荣誉等内容进行跟踪报道，向消费者持续讲述以岭药业的品牌故事，传递品牌理念。

以岭药业与“中国天气”的合作已拉开序幕，这也意味着以“百姓健康”为基础的中医药企业与天气 IP 正式携手，共同打造民生关怀的合作样板，为品牌跨界提供借鉴。

节气与流感　交给大数据!

近年来，随着政府和公众对健康的重视程度不断提高，健康气象的创新升级迫在眉睫。作为一个交叉领域，健康气象需要气象、卫生部门以及相关医药企业的通力合作，着力解决人才坎、数据坎和技术坎，共同联手完成这项利国利民的健康工程。

自2020年起，国家级气象服务品牌“中国天气”与化学药感冒类第一品牌“快克药业”聚焦流感，强强联手，借助“中国天气”国家级电视、网站、官方微博等平台与资源优势，在节气与感冒趋势研究、短视频制作和气象服务产品等多个领域开展合作，全力打造“快克药业节气提醒金名片”，并取得良好成效。2020年12月，华风集团与快克药业联合成立了“节气变化与感冒趋势联合研究院”，从公益角度出发，开展“节气与感冒”领域的深入研究，探寻感冒与天气要素和节气变化的关系、感冒与气候时段和气候变化以及不同地区环境条件的关系，等等。自此，开启了“中国天气＋快克药业”在节气变化与感冒趋势研究的新时代，成为引领整个药品行业发展的新标杆。

为进一步加强学科交叉融合研究，探索实现跨行业、跨领域的学术突破，2022年7月1日，中国气象局公共气象服务中心、快克药业和华风集团三方联合设立“气象及环境条件对流行性感冒的可预报性研究”项目，合作内容主要包括气象条件对流行性感冒机理基础研究、流行性感冒预报服务产品开发及市场的应用推广，共同寻找具有社会价值的学术突破。11月1日，三方联合发布“节气变化下的流感趋势”研究成果，实现了跨领域、跨学科的创新合作，开启了感冒与节气变化研究的新方向。

同年11月8日，由中国气象局华风气象传媒集团主办的“赤水流光 赓续传承‘中国天气’金名片工程资源发布会”在贵州仁怀举行。作为“中国天气”战略合作伙伴，海南快克药业有限公司受邀出席此次会议。会上，快克药业总经理王志昊，中国气象局气象服务首席专家、中国天气·二十四节气研究院常务副院长宋英杰以及中国气象局公共气象服务中心公众服务室主任赵帆联合启动《气象及环境条件与流行性感冒趋势预测白皮书》预发布仪式，开启“气象及环境条件对流行性感冒的可预报性研究”项目新征程，标志着化学药感冒类第一品牌“快克药业”与国家级气象服务品牌“中国天气”迈入紧密合作、共谋发展的新阶段。

2022 年 7 月 1 日，北京，“气象及环境条件对流行性感冒的可预报性研究”项目签约仪式现场（从左至右：宋英杰、王志昊、裴顺强）

2022 年 11 月 8 日，仁怀，《气象及环境条件与流行性感冒趋势预测白皮书》预发布仪式（从左至右：赵帆、王志昊、宋英杰）

会上，海南快克药业有限公司总经理王志昊表示，快克药业一直致力于感冒领域的研究并积累了丰富的经验，非常荣幸能与中国气象局公共气象服务中心、华风集团联手，将快克三十多年的行业数据与七十年的气象专业数据进行结合并取得阶段性成果，非常感谢合作伙伴的大力支持，希望未来三方共同打造出更多更好的产品，践行企业社会责任，服务百姓，服务民生。

凭借在感冒与节气变化研究、全媒体赋能、民生公益实践等方面取得的突出成就，快克药业获得"'中国天气'金伙伴""'中国天气'金名片民生公益企业"荣誉称号，代表着快克药业与"中国天气"对过去合作成果的充分认可，以及对未来战略合作的高度期许。

除节气赋能之外，快克药业与"中国天气"强强联手，充分发挥"中国天气"国家级电视、网站、官方微博等平台与资源优势，在电视媒体投放、短视频制作和气象服务产品等多个领域开展合作，全力打造"快克药业节气提醒金名片"，并取得良好成效。

借助 CCTV《新闻联播》后《天气预报》栏目高权威、高收视、高影响的优势，快克药业以节气提醒的形式每天在 CCTV-1、CCTV-新闻频道黄金时段强势亮相，100 秒超长曝光，全栏目持续播出，渗透性极强。同时，结合天气实况灵活选择《天气预报》景观广告版面，完美配合冷空气过程。与此同时，在 CCTV-7《军事气象》、CCTV-17《农业气象》同步投放硬广，全天多档栏目密集覆盖，快速抢占下沉市场。

在新媒体营销领域，快克药业联手“中国天气”不断解锁破圈营销打法。双方联合发布多个专业地图预警产品与“冷空气专题”，将“天气＋感冒＋快克”紧密联系在一起，传播数据屡创新高，其中，地图产品登顶百度微博双热搜，斩获超7亿话题度，新华社客户端、光明网等十余家媒体转载，在微博数十家蓝V转发。

气象服务促发展保民生，气象品牌抓创新强赋能。在双方携手发力下，共同为健康中国事业添砖加瓦，让气象服务助力人民美好生活，为中国品牌注入源源不断的新动能，实现共创“双赢”的全新局面。

请帮我研究一下蚊子

榄菊 40 多年在做一件事，即聚焦有害生物防治，守护国民健康。从基础研究到传播应用，榄菊利用天气与病媒生物习性的强相关性，精准传播，强势占领传播制高点，打造榄菊的传播金名片。

榄菊日化集团市场部总经理陈绍洪提到，作为榄菊来讲，如何用自然与科技的力量，帮助消费者驱蚊虫，是榄菊一直秉持的理念。他认为，与“中国天气”的携手合作，是基于品牌之间的契合度和关联性。很多有害生物随天气变化而变化，不同的蚊虫随着气候变化出没的密度也有所改变。同时，“中国天气”的传统媒体资源能够帮助榄菊占领央视传播的制高点，为榄菊整个品牌做权威背书。“中国天气”与榄菊还都是以服务大众、呵护人居环境为初心，产品广告恰到好处地植入，有效加强了品牌的曝光度，这促使合作能紧密持久。

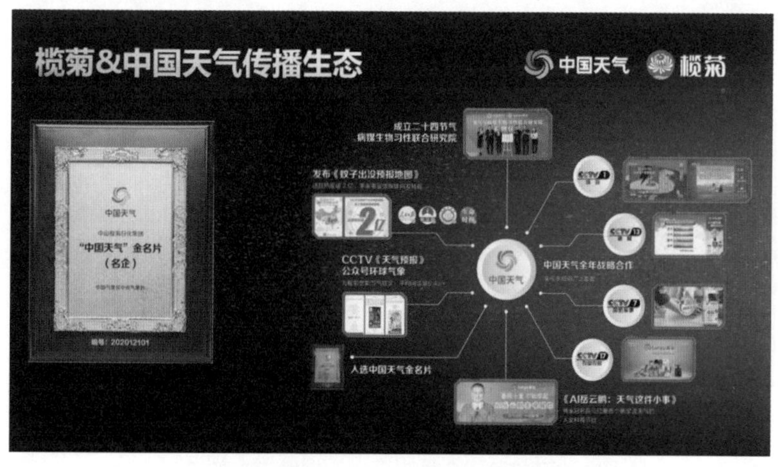

榄菊与中国天气传播生态示意图

双方合作与研究的深入也推动了研究成果对外发布的进程。2022 年 11 月 8 日，由中国气象局华风气象传媒集团主办的“赤水流光 赓续传承‘中国天气’金名片工程资源发布会”在贵州仁怀举行，作为“中国天气”战略合作伙伴，中山榄菊日化集团受邀出席此次会议。

在“节气合作成果发布”环节，中国气象局气象服务首席专家、中国天气·二十四节气研究院常务副院长宋英杰详细介绍了“节气与病媒生物习性研究”项目。该项目构建了“实测—分析—预测”全链条体系对致倦库蚊和白纹伊蚊进行重点研究，聚焦于节气的视觉来重新审视蚊虫习性，致力于推动病媒生物领域的产学研一体化发展，并促进创新研究成果惠及民生、造福社会。

会上，宋英杰与榄菊集团品牌代表林宇婷联合启动《致倦库蚊与气候相关性研究进展白皮书》预发布仪式。这一创新研究成果进一步揭示了不同气候条件对病媒生物的影响，这是自2019年双方成立“节气与病媒生物习性联合研究院”以来取得的又一重磅成就，体现了“中国天气”与榄菊集团的跨学科、跨领域合作结出了丰硕成果，也开启了双方在节气研究领域战略合作的新篇章。

2022年11月8日，仁怀，宋英杰与林宇婷联合启动
《致倦库蚊与气候相关性研究进展白皮书》预发布仪式

本次发布会上，榄菊集团获得“‘中国天气’金名片民生公益企业”荣誉称号，这一称号体现的不仅是榄菊在节气研究领域取得的丰硕成果，更体现了双方在品牌建设方面的营销创举。

初识于节气，相伴见辉煌。未来，“中国天气”将继续充分发挥国家级气象媒体的创新引领作用，持续以关注民生、关爱生命为核心，与中国品牌共行共进共赢，全方位赋能品牌的持续发展，助力品牌规划布局与产业发展，推进品牌传递公益与民生力量。

头上有犄角的“天气阿准”

如果说，时间与空间在现实世界中最大限度地束缚了人类，那伴随着 5G 时代的到来，数字科技发生颠覆性变革，“元宇宙”就是为打破时空限制而生的概念。2021 年，“元宇宙”（Metaverse）一词频繁登上各大媒体头条，不断刷屏。一时间，作为共享虚拟环境的元宇宙，成为人们竞相谈论的热门话题和炙手可热的投资焦点，使 2021 年被称为“元宇宙元年”。

随着不断探索与深入了解，人们发现元宇宙本质上是对现实世界的虚拟化和数字化，其面临的最大考验不是技术，而是想象力。传统《天气预报》节目的受众群体，父母长辈占了大部分。如何发挥青年力量，让年轻人也喜欢上气象预报，是时代发展中不得不思考的关键问题。

2020 年，“中国天气”在中国年轻世代高度聚集的文化社区和视频网站哔哩哔哩上，推出了虚拟天气主播“天气阿准”。这位有着银发、粉瞳、龙角，身高 167 厘米，爱看天气、爱发呆，性格天然又俏皮的虚拟主播，为网友播报天气与科普知识，展现出了一名气象主播的责任与担当。带着制作团队的期望与目标，现在的“天气阿准”成功破圈，已经是一位小有名气的知识型主播，粉丝数量突破 10 万。此次创新破圈，是气象营销拥抱变化与未来、让传统产业焕发出新生机的一次重要尝试。

不同的季节特征，本质上属于传播环境中的一种，可以成为品牌传播时的参考维度。2022 年 11 月底，一次寒潮天气自西向东影响我国大部分地区，带来大风降温、雨雪、沙尘等天气，北方干冷物理攻击上线，最低温跌至 −10℃以下，户外分分钟能把人“冻懵”；南方大部则开启湿冷魔法攻击，最低气温跌破冰点，夜晚的被窝冷如冰箱。

作为国内电热毯产销龙头企业，成都彩虹电器（集团）股份有限公司是一家成立近 40 年具有专业品质的国货品牌。在确保产品质量高度稳定的同时，企业不断与时俱进，将“元宇宙”概念融入品牌传播策略中，同时在产品研发上不断推陈出新，满足不同年龄段消费者多样化需求和使用场景。

“天气阿准”虚拟卡通形象

借助此次天气热点事件，“中国天气”与成都彩虹集团强强联合，探路“元宇宙”，在新媒体平台上推出“全国电热毯指数地图”的同时，与虚拟主播“天气阿准”共同发起对今冬寒潮的强烈关注，构建起多元媒体联动播出、高效立体传播的气象服务体系。

此次合作，既是双方对新商业模式的一次探索，也标志着元宇宙品牌营销逐渐落到实处，开启了年轻化运营新生态，打造了天气预报播报新玩法。将年轻力量进行融合碰撞，借助多维、跨维视听传播生态形式，打破现有新媒体视听传播格局，使我们看到了虚拟生命与现实环境之间更多的情感连接，为不同类型、不同喜好的客户提供了多元化、精准的气象服务，让“元宇宙”视听传播生态为媒体深度融合提供新机遇、新目标。

作为“天气阿准”的创造者，“中国天气”创新升级核心资源，不断打磨新产品，在“黄金资源 + 权威背书 + 科学赋能 + 全媒体发布”的融合传播模式上，通过全方位、多角度、深层次的展示渠道，持续巩固气象服务的品牌地位，不断提升权威性与影响力，逐渐构建起多元媒体联动播出、高效立体传播的气象服务体系。

通过 IP 打造、气象赋能蓄力以及气象科技发展三大措施，“中国天气”推动人群的跨界融合，探索传统气象传播新触点；通过不断探索，“中国天气”

走出独有的年轻化营销道路，把握关键时机，在结合社会热点基础上，用心链接年轻人，拥抱品牌年轻化，为企业量身定制生活服务类产品，同时制造天气话题与组织开展公益活动，助力品牌将产品顺时应景地进行投放与推广，赋予其新内涵，让民众看见与感受到中国品牌的服务温度。

展望未来，“元宇宙”具有广阔空间和巨大潜力，是数字经济发展的重要依托和关键赛道。“中国天气”与成都彩虹集团将继续运用好话题营销优势，加速线上与线下融合，以虚拟拉动现实，借助数字化技术手段赋予传统媒体新的生命力，助力品牌快速破圈，同时发挥新媒体正能量，保持创新思维，不断尝试与探索更多新产品形式，创造更大价值。

黑科技与天气的首次碰撞

将品牌发展与公益事业融为一体，以自身力量承担社会责任，弘扬公益精神，是企业应该坚守的初心与使命。在新冠疫情防控期间，“双极水”作为一个专注于皮肤和黏膜护理的专业品牌，依托自身持有的专利技术，推出抗菌液、含漱抗菌液、眼部喷雾、鼻腔喷雾、私处护理、手口水巾、运动冰巾等系列产品，无腐蚀性、无残留、不会燃爆，使用安全，让人用得放心。

在为大众提供安全有效的消杀产品基础上，“双极水”还被应用于多个场景与多种环境的消杀工作中。2022 年北京冬奥期间，该产品被用于比赛环境消杀、空气消杀和手部消毒；在医疗领域，北京多家三甲医院陆续引进该产品，应用于医护人员手部消毒；在疫情防控方面，“双极水”也进入了北京新冠疫情防控人员的消杀物资名单。

在保证产品消杀功效的同时，“双极水”还积极承担着新时代企业的社会责任。从捐助云南文山地区抗疫、参与京东订单公益，到关注国旗护卫队将士健康，再到为武汉、西安、廊坊、上海等地区提供物资支持，该品牌始终秉承着服务国家、造福社会的理念。

在坚守公益为初心、诠释企业担当的理念指引下，“中国天气”始终将公益贯穿至品牌服务中，使其成为品牌重要组成部分，愿充分发挥平台优势，助力有责任、有担当的新生民生类品牌脱颖而出，被更多人所知晓。

在对“双极水”产品功效与品牌理念深度体验与调研后，“中国天气”为“双极水”全力打造了专属立体化传播服务模式，助力该品牌用合理预算完成在央视平台、黄金段位的广告投放，实现市场和效果的全面协同，达到价值最大化；实现了大范围品牌曝光与平台背书，以及“中国天气”资源矩阵对客户品牌的高度适配与灵活植入。同时，整合多触点传播渠道，打造全链路营销模式，消除了客户有关广告投放效果的诸多顾虑。

CCTV-5 体育频道广告投放画面

中国天气新媒体传播画面

服务民生，服务中国。“中国天气”以自身优势与资源为平台，聚合更多民生品牌参与其中，在将源源不断的温暖与力量传递到祖国各地的同时，推动企业发展迈上新台阶，携手企业做好有温度、勇担当的民生品牌，助力人民美好生活再升级。

互信铸荣耀　民生聚人心

作为与华风集团合作21年的民族品牌，匹克集团一直将“助力中国体育发展”视为企业社会责任。以高科技、高颜值、高性价比的“三高”战略提升产品竞争力，把握用户消费心理，在国内体育市场中不断攀升。“中国天气”将创新发展作为风向标，始终致力于举国家平台宣传之力，支持国产运动名品发展，助力中国品牌、民族品牌提升品牌价值，以适应新形势下的品牌发展要求，全力以赴支持国货品牌占领更大的消费市场。

双方自2003年开启合作以来，匹克集团通过把握CCTV《新闻联播》后《天气预报》栏目黄金时段、核心位置、权威背书等强大资源，聚焦18个城市，实现了广告长期稳定曝光，为民族品牌强势赋能。该投放计划使亿万观众熟知匹克品牌与态极科技，同时将匹克中国航天事业战略合作伙伴形象牢牢印在观众心中，大幅提升观众对该品牌的认知度和信任度，推进品牌传递公益与民生力量。

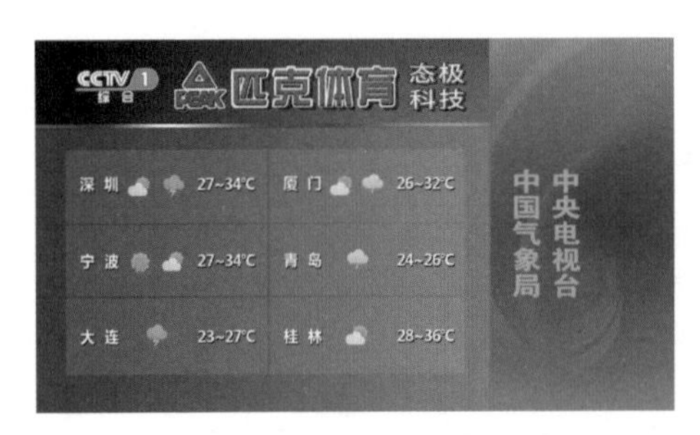

CCTV《新闻联播》后《天气预报》栏目广告投放画面

此外，匹克还在CCTV-5体育频道的《天气体育》等栏目中再度追加广告投放，增加曝光频率，将品牌最新设计理念传递给更多关注体育、热爱运动的年轻人，通过精准投放，高频多地曝光，有效地提高了品牌声量，结合品牌特性、打造国潮运动新风尚。

2022 年 11 月 8 日，由华风集团主办的“赤水流光 赓续传承‘中国天气’金名片工程资源发布会”在贵州仁怀茅台国际大酒店举行。作为华风集团重量级合作伙伴，福建泉州匹克体育用品有限公司董事长许景南先生、品牌中心副总监林小雄先生等代表应邀而至，与多家知名企业共同见证此次盛典。

多年来的相识相伴，铸就了“中国天气”与各品牌之间的认可、信任与支持。本次大会上，匹克集团获得“‘中国天气’金伙伴”称号，该称号是双方共同成就品牌辉煌与荣耀的见证。匹克集团董事长许景南先生上台发表感言，他表示中华民族的伟大复兴激励了所有的中华民族子孙，民族复兴是我们共同的责任。匹克经过 30 多年的努力，目标是要创造中国人的国际品牌。华风集团作为具有国家级平台资源、权威性媒体属性的服务窗口，做了很多工作，为企业品牌的强大推波助澜。通过双方合作，匹克产品的外销量与内销量均有所增加。

CCTV-5 体育频道、CNC 新闻电视频道广告投放画面

同时，“中国天气”始终与品牌同频共振，将民生保障落到实处，共同打造“民生金名片”，见证美好生活。会上，匹克集团董事长许景南先生上台，接受“‘中国天气’金名片民生公益企业”殊荣。作为被授予该荣誉的企业之

一，匹克集团用科技重新定义了国货，输出民族品牌，彰显大国情怀。

“关心冷暖”是“中国天气”最有温度的特色标签，“助力中国体育发展”是匹克集团秉承不变的初心。相信不久后，在“天气＋体育”领域，双方将取得新的突破与成果，不断创新，共创辉煌。

滋养传承孕育营销破圈

——节气金名片

“中国天气”创建国家级文化活动IP，诠释二十四节气丰富内涵，高度重视节气文化价值及传承发展，与地方政府深化战略合作，打造中国特色城市文旅品牌，展示城市绿色发展成果与节气精髓，助力地方文旅经济发展，实现节气文化的创造性传承与创新性发展。

“二十四节气之城”正式启动！

2022年7月20日，“礼赞华夏 立足传承——‘中国天气’节气金名片资源发布会”在哈尔滨圆满举行。来自中央气象台、中国气象服务协会、中国民俗学会二十四节气研究中心、《中国青年报》以及全国19个省市地方政府、宣传、文化旅游、农业、气象等部门的有关领导及嘉宾受邀参会。

本次发布会以“礼赞华夏 立足传承”为主题，以“二十四节气之城”发布仪式为核心，强势推出“中国天气”节气金名片，加速推动“中国天气”助力城市发展的创新探索。

一、礼赞华夏智慧，立足节气传承

作为中国气象局强势打造的国家级气象服务品牌，“中国天气”一直致力于全媒体融合与创新，积极探索新时代语境下二十四节气文化在城市建设中的创新发展。

2022 年 7 月 20 日，哈尔滨，“中国天气”节气金名片资源发布会现场

华风气象传媒集团党委书记、董事长李海胜指出，“中国天气”节气金名片资源将从北向南，惠及更多合作伙伴，为城市文化形象宣传及地方特色产品宣传增添重彩浓墨的一笔；哈尔滨市人民政府副市长冯昕表示，希望与“中国天气”共同搭建哈尔滨全方位营销推广矩阵，通过“中国天气”节气金名片打造哈尔滨城市金名片；时任黑龙江省气象局党组书记、局长潘进军提出，将与各行各业一起努力打造具有黑龙江特色的气象金名片，努力创建具有黑龙江特色的气象服务品牌；国家气象中心副主任、中央气象台副台长方翔表示，未来将继续和华风集团等部门一起，共同守护城市民生的“岁月静好”。

二、以节气之名，铸就城市金名片

“中国天气”借助资源优势协助各地搭建全方位城市营销推广矩阵，并通过组织实施“二十四节气之旅”，征选创建“二十四节气之城”等活动，全面塑造城市文化金名片，持续激活节气文化基因，提高城市传统文化软实力。

在资源推介环节，华风气象传媒集团媒体资源运营中心主任白静玉详细介绍了“中国天气”五大金名片资源，展示了三大模式以及标杆案例，点明了

“中国天气”助力城市发展、讲好中国故事、传播传统文化的发展方向。

2022 年 7 月 20 日，哈尔滨，参会领导致辞

2022 年 7 月 20 日，哈尔滨，华风集团媒体资源运营中心主任白静玉

在“中国天气”五大金名片资源中，节气金名片包括“二十四节气之城”“二十四节气之旅”两大资源，挖掘城市节气文化内涵，助力城市节气文化传播；生态金名片包括以CCTV《新闻联播》后《天气预报》栏目为核心的天气预报资源，占据政要高地，展示城市生态文明建设成果；体育金名片包括CCTV-5《体育天气》和《运动休闲城市预报》、CCTV《新闻联播》后《天气预报》栏目和央视AI气象主持人赛事播报产品，借助热点赛事，拉动城市体育经济增长；教育科普金名片包括中国教育电视台《校园气象站》、CCTV《新闻联播》后《天气预报》栏目、“气象主播进校园”活动以及与地方中小学联合共建“校园气象观测站”，聚焦气象科普、防灾减灾，守护学生健康成长；乡村振兴金名片包括CCTV-17《农业气象》、“中国天气”新媒体“节气助农”直播，多维度展播特色农品，提升区域农特优品的知名度与竞争力。

三、汇聚力量，“二十四节气之城”评价活动正式启动

节气文化的传承与发展作为一项跨学科、跨行业、跨领域的交叉工程，需要政府、媒体以及相关单位通力合作，共同探索，携手完成这项意义重大的任务。

2022年7月20日，哈尔滨，“二十四节气之城”发布仪式

中国气象服务协会、华风集团、中央气象台、哈尔滨市人民政府、中国民俗学会、《中国青年报》的相关领导上台，共同启动“二十四节气之城”评价活动。中国气象服务协会常务副会长孙健指出，二十四节气是古人的智慧，也是一种亟待挖掘和利用的气候资源，希望“中国天气”节气金名片能为地方带来巨大的经济效益和社会效益。

中国气象局气象服务首席专家、“中国天气•二十四节气研究院”副院长宋英杰对二十四节气的适用范围、节气之城的评分依据等重点问题进行权威解读，他指出，中国节气之城是在特定气候背景下，中国节气美学及其文化品格、文化习俗活态传承的时代范本。

2022年7月20日，哈尔滨，中国气象局气象服务首席专家、
“中国天气 · 二十四节气研究院”副院长宋英杰

四、以节气为纽带，打造协同创新联盟

会上，华风集团与《中国青年报》共同启动“节气文化传承与发展”协同创新融合实验室。《中国青年报》运营中心媒体策划部主任陈醒表示，双方将共同打造节气之城的融合创新生态，传播节气文化，弘扬传统文化。

除媒体行业外，各地政府也都在深入挖掘二十四节气，结合当地独特的地域文化与文旅资源，打造独具特色的文化产业链。绍兴市人民政府、衢州市文化广电旅游局的相关代表上台分享经验，共同探讨“二十四节气之城”和节气传承创新。

此外，华风集团和中央气象台联合打造的“最受关注的天气预报城市”评选活动已落下帷幕，会议现场公布了最终评选结果，并对获奖城市进行授牌。其中，获得“最受关注的天气预报城市——宜居宜游”的城市，包括黑龙江哈尔滨新区、河北张家口、河北承德、山西临汾、山西晋中、山西晋城、浙江绍兴、河南鹤壁、四川雅安、四川攀枝花。获得“最受关注的天气预报城市——城市形象”的城市，包括云南昆明、四川达州、内蒙古通辽、四川广元、黑龙江齐齐哈尔。

2022 年 7 月 20 日，哈尔滨，“节气文化传承与发展”协同创新融合实验室启动仪式现场

二十四节气是我国古代劳动人民对天文、气象与物候的智慧探索。“中国天气”以节气为契机，全力打造城市金名片，努力呈现“人、节气与城市”共生、共存、共融、共美的和谐关系，助力城市高质量发展，助力“美丽中国”建设。

2022 年 7 月 20 日，哈尔滨，最受关注的天气预报城市“城市形象”授牌仪式

袖中日月　画里春秋

——“中国天气”节气文创产品首次试应用

二十四节气是中国传统文化的瑰宝，不但为人类的农耕生活提供了时间尺度和自然界气候的理论依据，同时经过长期发展演变，逐渐形成丰富多彩的精神文化活动，包含故事传说、食俗、祭祀等各种文化艺术形态内容，对人们的行为准则和思维方式产生重要的影响。在科技迅猛发展的今天，我们在回顾古人智慧创造出二十四节气文化内容的同时，更要重视和审视它对于现代社会尤其是年青一代的影响。随着中国文化创意产业的蓬勃发展，节气作为创意产业的重要组成部分，成为独树一帜的创意来源和创作灵感。

为更好展现节气文化的独特魅力，2022 年“二十四节气研究院”与华风集团媒体资源运营中心共同策划创作完成《翰墨丹青 · 二十四节气笔记本》（以下简称《翰墨丹青》），并在中国农业博物馆和北京市文物局共同主办的第三届“二十四节气文化作品设计大赛”中荣获创新奖，全年印刷近万册，正式入驻节气臻选商城，成为二十四节气独特的文化传承方式之一。

一、创意来源

《翰墨丹青》的创意初心是“让禁宫中的文物活起来”。通过不断探索传统节气中的古老元素，并融入新元素，赋予新意义，实现“文化再创造”，让二十四节气文化价值进一步提升。

经过几番研究讨论，最后确定以“袖中日月，画里春秋”为主题，选择故宫博物院、台北故宫博物院中馆藏的月令图和扇页为月度内容，制作成册，使其成为二十四节气每个节气自然风物和人文习俗的代言者。

扇页，本身就是中国传统文化的一种风雅。《翰墨丹青》设计选取扇页作为节气风光、风物、风俗的物化载体，旨在以节气视角重新审视、编排、解读不同题材风格的扇页艺术作品，以优美风雅的方式将二十四节气可视化，让更多类型古典艺术作品成为节气文化的艺术标识。

《翰墨丹青 · 二十四节气笔记本》封页

二、《翰墨丹青》设计亮点

良好的图像和色彩设计是文创产品设计的关键。人们通过视觉模式观察产品的形状、图案、色彩、肌理等内容，通过其外部审美得到大众的喜爱。这是属于即刻、直接的情感表达和体验过程，因此《翰墨丹青》整体以自然随意设计为主，采用毛边粗纹纸为内页，用以传统装订方式，体现轻松古风意味。

而作为节气风物体现重点，将《清院本十二月令图轴》作为月的主线，遴选明清时期的扇页作品，作为每个节气的自然和人文的情节化标识。以下为部分举例：

立春——清代郑板桥的“一枝也可入东风”，匹配立春时节的东风解冻，以及草木微妙的萌动。

谷雨——清代汪承霈的《鱼藻图》，匹配谷雨时节的萍始生，如同阳春时节水中动物和水生植物的春嬉。

小满——清代蒋溆的《丰盈和乐图》，展示小满三候麦秋至和节气歌谣“小满鸟来全”的情景组合。

处暑——清代钱维乔的《松堂读书图》，对应处暑时节的“秋爽来学”，正如现代社会的每个学年从 9 月 1 日处暑时节开始。

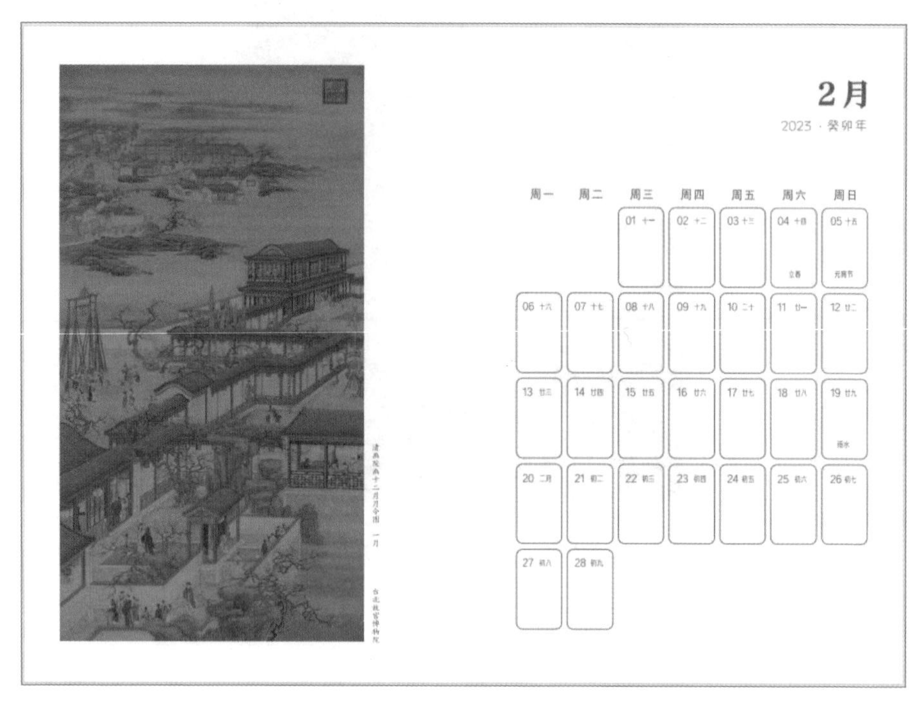

《翰墨丹青 · 二十四节气笔记本》内页示意图

三、《翰墨丹青》作品选择

我国的二十四节气文化是丰富的资料库，因此在文创产品设计中需要找寻合适的视觉表达内容和形式，对文化元素进行梳理。这其中就包含对有形物体和无形感知的转化。例如冷、热、风等抽象元素，需要提取周边环境中有形物体，对无形元素进行可视化处理，完成符号化转化，以便激发人们对于节气的思想意识和记忆，产生情感共鸣。因此《翰墨丹青》在扇页作品选择上，基于以下三点：

（一）科学地依照严谨的物候观测和气候规律

清明——明代沈周的《杏林飞燕图》，是基于当代物候对玄鸟至的时间所进行的修订。

大雪——明代刘度的《雪山行旅图》，正如大雪是开始积雪的节气，银装素裹、万山积玉。

（二）基于相对普适的自然物候期，对于每幅作品进行了对应的划定

夏至——荔枝图

大暑——荷花图

秋分——桂花图

寒露——菊花图

（三）展示自然物候场景与传统文化意象的协调与统一

小雪——《枯木寒鸦图》

大雪——《雪山行旅图》

冬至——《寒江独钓图》

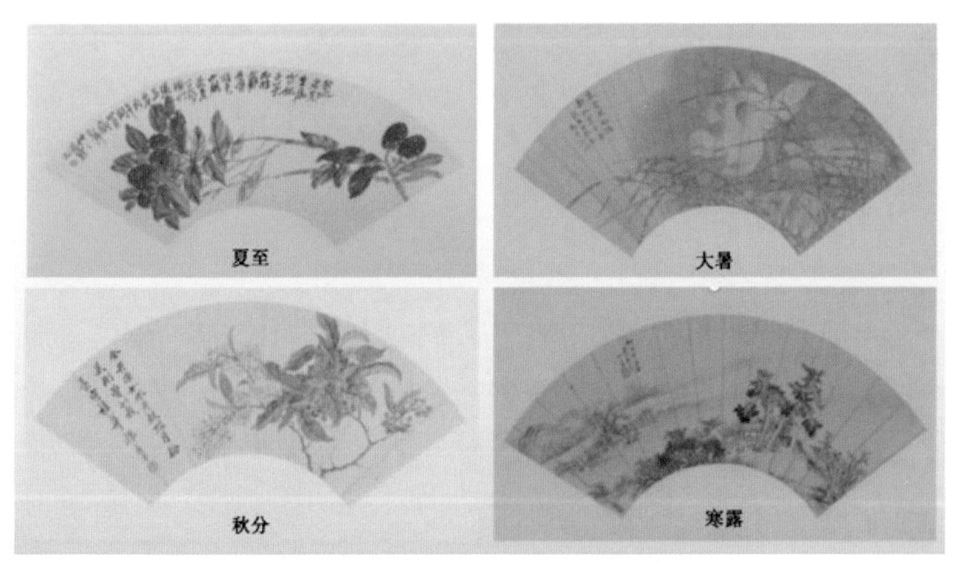

《翰墨丹青·二十四节气笔记本》扇面选择示意图

二十四节气是中国传统文化重要的一部分，以它为切入点衍生到文创产品中，借助创意、设计将其中的文化内涵进行视觉转化，使传统文化与现代生活紧密联系，对于发扬和传承传统节气文化意义重大。《翰墨丹青》通过现代设计手段，物化传统艺术，对笔记本进行个性化设计和规划，是一次颇有成效的节气应用初尝试。

万物稀奇　顺时而饮

——二十四节气花果茶诞生记

年轻人并非不爱茶，而是传统的喝茶方式让他们觉得烦琐。如果有一款花果茶，健康、好喝、便捷，不必费心搭配，既顺应节气又养生，那么，让年轻人、职场人、追求健康的人们爱上喝茶便会成为流行趋势。

几经调研与研发，“中国天气”计划打造差异化市场，与品牌共同拓宽产品赛道，推出以节气文化为主题的花果茶产品，创新性地从节气气候特点出发，进行科学配伍，满足人体时令需求，缔造有文化、科学功效、具备好口味的使命产品。

一、前沿洞察：消费者对新式茶饮的需求持续上涨

2022 年新华网联合奈雪的茶推出了《新式茶叶的发展报告》，报告显示，46.90% 的“90 后”表示在新茶饮消费过程中认识了更多的传统茶；54.68% 的“90 后”认为感受到了中国茶文化的强大魅力；45.94% 的“ 90 后”表示对中国传统文化产生了极大的兴趣。新式茶饮已经成为年轻人了解传统文化的一个窗口。

根据艾媒餐饮研究院《2022 年上半年中国新式茶饮行业发展现状与消费趋势调查分析报告》，新式茶饮市场份额增多的消费者主要是 22~40 岁的中青年群体，特别是女性。他们注重口感、质量、安全、价格和品牌文化。众多品牌正在引领新式茶饮市场，创新推出了新式茶饮包和即时速饮的概念。

二、创新构想：茶与节气相遇，培养顺应四时的饮茶习惯

时不我待，推出一款更加专业、更加权威的节气茶品成为“中国天气”的

创新目标。用权威节气团队加知名茶饮品牌强强联手的组合方式，培养消费者顺应四时的饮茶习惯，布局品牌第二增长曲线，树立文化茶饮行业标杆，重塑用户时令饮茶习惯。

为了避免纸上谈兵，小范围市场预调研是必不可少的一环，问卷重点发布到大学生群体、家庭群体。

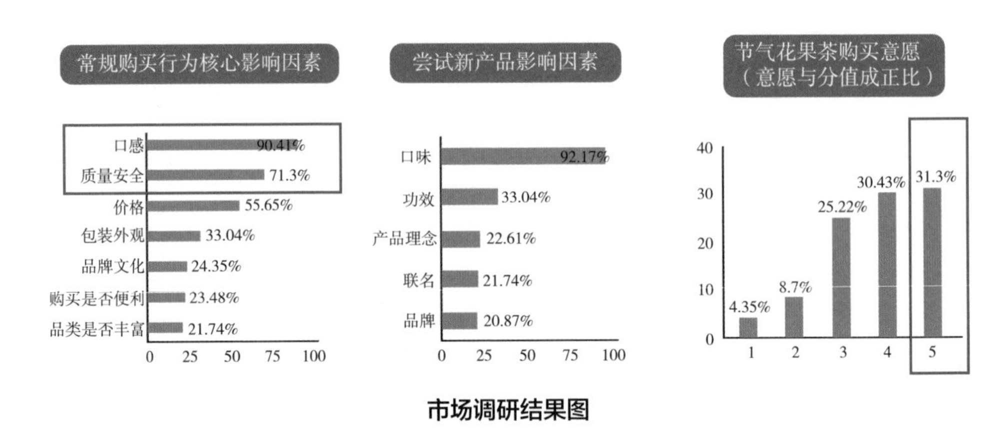

市场调研结果图

调研结果发现，口味、功效、背书、文化构成核心竞争力，融合节气文化的花果茶，备受消费者期待。

基于以上调研结果，要让“中国天气”茶饮在味觉、视觉和感觉上用最科学的调配，用最具有品质的原料和创新性的工艺，融进节气文化和中国传统文化的一些哲学内涵，使这款茶不仅好喝好玩，同时还具备一定的格调。

（一）打造三大系列节气花果茶

同时打造三大系列的节气花果茶，占领花果茶消费的全场景，全面扩大果茶的市场覆盖面。

1. 流量系列——关注性价比与便捷

针对年轻化的市场，把握年轻心态。特别是生活节奏快，学校、宿舍和年轻群体的聚集地。产品要突出勇于尝试、打造颜值、个性表达的特性。

2. 明星系列——关注功效与品质

中端产品主要吸引关注健康、功效，以及咖啡不耐受人群。以服务职场、办公室、会议、居家代饮、旅行、朋友聚会等场景。

3. 形象系列——关注情绪与文化

此系列是高端产品，吸引追求品质、品位，以及有艺术性的人群，赋予文化与思想内涵。主要运用到商务洽谈、高端茶宴、私人聚会等场景。

（二）顶级节气专家赋能　科学的配伍框架

所有产品调配遵循要素：气候特点、节气物候、辅料、营养学、药理学、哲韵。

首先是出于节气文化、气候特点，从天气对人体的影响出发，去甄选时令下最适宜人体的花果物产。其次邀请营养学家和药理学家根据配伍和养生特点去集大成。最后得出最终的花果茶配方。

春分茶的配伍示例

三、推广策略：权威IP背书 全生态布局锚准养生垂类

为实现品牌在市场上一炮打响的效果，“中国天气”提前布局，制订了五步策略规划：

（一）策略一：达人营销 引发话题 助力种草

联合小咖达人、头部达人、大学生群体，来制造话题，引流年轻化市场。

（二）策略二：打造养生KOL为节气花果茶代言

海内外网友热议的“冻龄女神”成为养生KOL，打造爱茶人设，全平台发布产品笔记、“冻龄食谱”。

（三）策略三：“冻龄女神”入驻元宇宙 全面领略茶世界

邀请天气预报“冻龄女神”实现“喝好茶，真冻龄”的代言，同时在虚拟世界中不同场景、多维度展示。

（四）策略四：亮相国家级权威平台 凸显品牌调性

通过CCTV《新闻联播》后《天气预报》栏目领衔，打通央视全平台，助力节气花果茶收获强曝光。

（五）策略五：“天气健康舱”专属冠名 权威直播助力转化

入驻气象行业最高应用级别融媒体直播舱，专属冠名“天气健康舱”，利用快手账号进行直播。

“中国天气”与品牌知名IP联名，切中消费者需求获得直观收益，短期内带动品牌与“中国天气”影响力迅速扩张，传承节气文化，被人们熟知、喜爱、信任，积累品牌资产带动长续效益。

专属冠名天气健康舱示意图

顺天应时　天人共酿

茅台传承千年的酿造工艺，与自然、农耕、物候、节气密不可分，顺应天时是茅台文化与节气文化共同的内在密码。2022 年，是茅台高质强业新征程上的“第一次年考”，新的赶考路上必然充满着艰难险阻、困难挑战。在其未来发展规划上，如何发掘文化内涵以及做好文化赋能，是首要工作之一。

“十四五”时期是全国经济、社会、生态、文化进入高质量发展的关键阶段。为更好发掘茅台产品在独特生态、历史以及民俗文化中的深厚内涵，发挥文化聚能的“硬核”作用，体现茅台文化影响力、凝聚力和感召力，贵州茅台集团与中国气象局华风传媒集团作为“国”字号品牌主动融入国家战略，以推动高质量发展为契机，以“中国天气・二十四节气研究院”科学研究为基础，在气候禀赋、节气内涵、文化活动、文化赋能等多领域开展合作。共同实现生态与气候、酿酒与节气、文化与旅游等领域跨界破局，形成互补式、嵌入式、融合式发展新格局，开启“绿色、科技、文化”发展新征程。

2022 年 4 月 7 日，“中国天气・二十四节气研究院”与茅台集团在茅台会议中心举行座谈，就二十四节气与科技创新、茅台文化等方面的深入融合进行研讨交流。在科研层面，“二十四节气研究院”以节气的重要性、茅台酒独特的气候环境及茅台酒酿造工艺与节气内在关系为研究课题，科学解释茅台酒的气候密码；在文化层面，以节气的文化创新和推广、节气与饮食文化的关系等为课题，深入解读茅台的文化密码；在文创层面，充分运用茅台元素，开发茅台与节气相关的文创产品，持续为茅台文化赋能，并致力于中国传统文化在全国和全世界的推广。

2022 年 11 月 8 日，华风集团与茅台集团双方签订战略合作协议。这标志着双方将充分发挥互补优势，正式开启茅台美学表达的科学、文化研究。

国家级顶级气候和节气专家团队为茅台从气候科学角度破解其气候生态密码。设立中国天气・二十四节气茅台分院，在未来的 3~5 年，从茅台区域气候论证、酿酒工艺流程与节气内在逻辑、节气宴内涵等方面展开全面调研，全面剖析茅台酒核心产区及缓冲区的小尺度气候独特属性。

2022 年 11 月 8 日，贵州仁怀，茅台集团与华风集团战略合作签约仪式

利用国家级节气文化活动和传播资源，为茅台节气文化赋能。确立茅台二十四节气文化、科学、公益传播主题，通过茅台节气高端论坛和文化传播活动，利用国家级全媒体传播资源，从节气维度，讲好茅台“节气密码”故事，打造“茅台文化”在“一带一路”上的国际化表达。

通过一系列茅台节气文创，做足酒与节气的文章，扩大节气茅台产业链。设计系列与酒紧密相关的器皿、饮品、食品等节气衍生品，通过节气文化破圈，拥抱创新，拥抱年轻。

三大行动计划被提出

2023年4月12日，由中国气象局应急减灾与公共服务司（以下简称减灾司）、计划财务司（以下简称计财司）指导，中国气象局公共气象服务中心（以下简称公共服务中心）、华风气象传媒集团（以下简称华风集团）共同承办，福建省气象局、福建省福清市气象局协办的“中国天气”资源发布会暨品牌建设研讨交流会在福清圆满举行。

2023年4月12日，福建福清，“中国天气”资源发布会暨品牌建设研讨交流会会议现场

华风集团党委书记、董事长李海胜，时任福建省气象局党组书记、局长潘敖大，福清市人民政府党组成员、副市长王言霖和中国气象局公共气象服务中心党委常委、纪委书记王立，应急减灾与公共服务司公众服务处处长梁科，计划财务司企业管理处处长刘小勇等领导出席会议并发表重要讲话。来自全国18个省份，46个地市的政府、气象部门相关单位领导、代表受邀参会。

2023 年 4 月 12 日，福建福清，华风集团董事长李海胜大会致辞

2023 年 4 月 12 日，福建福清，时任福建省气象局局长潘敖大大会致辞

2023 年 4 月 12 日，福建福清，中国气象局应急减灾与公共服务司公众服务处处长梁科大会致辞

2023 年 4 月 12 日，福建福清，福建省福清市人民政府副市长王言霖大会致辞

本次会议结合《气象高质量发展纲要（2022—2035 年）》要求和全国气象高质量发展工作会议精神，贯彻落实“生命安全、生产发展、生活富裕、生态良好”“监测精密、预报精准、服务精细”的重要部署，权威发布“中国天气”金名片工程 2023 年行动计划，并与各省市进一步探索打造国、省、市、县四级联动新模式，全面有效地推进“中国天气”品牌建设与赋能发展工作。

一、再谱新篇：“中国天气”金名片工程发布三大行动计划

“中国天气”作为中国气象局精心培育的国家级气象服务品牌，从 2018 年推出至今，在各级气象部门努力下，已成为全国气象服务的标杆与金字招牌。为更好地赋能地方社会、经济发展，“中国天气”金名片工程秉持主动融入各行各业，坚持“气象 +”赋能的发展理念和方向，广泛开展省部、部际、部企、部校等全方位、宽领域、深层次的合作与共赢。

会上，华风气象传媒集团媒体资源运营中心主任白静玉就深化国、省、市、县四级联动，重点聚焦生态文旅、农业品牌和教育科普三大领域，全新提出三大行动计划，以报名遴选、战略合作、权威宣传、特色赋能、文化传播等合作内容逐步展开。

2023 年 4 月 12 日，福建福清，华风集团媒体资源运营中心主任白静玉发布“中国天气”金名片工程三大行动计划

（一）生态文旅金名片行动计划

进一步发挥国、省各级媒体优势，与地方文旅部门紧密合作，通力打造各地“旅游、康养、节气”三大文旅品牌，开展“青春之旅”“四时中国”等一系列活动，深入挖掘当地自然禀赋、优质生态资源、美丽自然景观及特色旅游景区等，推动生态旅游良性发展，提高地方生态产品价值实现。

（二）农业品牌金名片行动计划

聚焦各省市区域农业品牌，打通“扶贫＋扶智＋扶品牌”链路，通过配套国家级、省级展播宣发平台，打造“气象＋农技＋品牌”全方位专家智库，为“农业品牌金名片”入选品牌提供全链路的支持与指导。同时，助力地方打造本土农业品牌金牌推荐官，开设线上地方农业精品馆，帮助优质农产品入选大学生关注与喜爱的“青春好物推荐榜”，通过赋能地方农业品牌，实现长续发展与经营，进一步提升气象为农服务的供给能力和精细化水平，推动气象为农服务实现现代化、多元化、全域化。

（三）教育科普金名片行动计划

聚焦各省市教育部门及科普专项计划，协助地方开展具有气象特色的课程与活动内容，设立二十四节气研学基地、创新开展“气象科普进校园”活动，依托国、省联动模式，助力地方在全国范围内打造“十佳气象小主播”，提升各地教育系统的知名度和美誉度，进一步促进、提升中小学科普教育以及公众科学素质培养。

针对三大行动计划，时任福建省气象局党组书记、局长潘敖大与华风气象传媒集团党委书记、董事长李海胜就“中国天气”金名片工程行动计划进行战略签约仪式，这也是“中国天气”金名片工程首次与省级单位进行战略合作。

二、融会贯通：全国首个二十四节气研究院分院落户福建

中国气象局首席专家、“中国天气·二十四节气研究院”副院长、中国二十四节气保护传承联盟学术委员会委员宋英杰做主旨报告，分享了节气文化

的本源与发展历程，深入研究了蕴含在各地风物中的气候智慧；并详细介绍申报“二十四节气之城”的标准、流程，指出通过申报“二十四节气之城”，传承节气文化，是带动地方品牌建设、提高城市传统文化软实力的重要成就。

2023 年 4 月 12 日，福建福清，时任福建省气象局党组书记、局长潘敖大与华风气象传媒集团党委书记、董事长李海胜进行战略签约仪式

2023 年 4 月 12 日，福建福清，中国气象局首席专家、“中国天气 · 二十四节气研究院”副院长、中国二十四节气保护传承联盟学术委员会委员宋英杰做主旨报告

为在福建全域更好地开展系统专业的节气保护传承工作，“中国天气·二十四节气研究院”在福建设立全国范围内首个省级分院，通过国、省强势联合，为推动中华优秀传统文化保护与传承工作做出研究和应用领域的独特贡献。时任福建省气象局副局长冯玲作为代表上台接受中国天气·二十四节气研究院福建分院授牌。

2023年4月12日，福建福清，时任福建省气象局副局长冯玲（右）与中国气象局首席专家、“中国天气·二十四节气研究院”副院长、中国二十四节气保护传承联盟学术委员会委员宋英杰（左）进行中国天气·二十四节气研究院福建分院授牌

三、国、省一体 合作共赢推动气象服务高质量发展

中国气象局公共气象服务中心公众服务室主任赵帆、天译科技公司总经理刘轻扬分别就“国省联动，合作共赢，助力‘中国天气’唱响公众气象服务主旋律”“国省一体，全效互动，推动气象融媒体业务高质量发展”作重要讲话，详细介绍了公众气象服务、全国气象融媒体近年来的发展概况、产品创新与取得的相应成绩，强调未来将与各方开展深度合作，探索国、省合作模式的落实机制，实现国、省优势互补，与地方共创共赢，合力提升“中国天气”品牌的覆盖面和影响力。

此外，中共莆田市委宣传部副部长苏志军、福建省南靖县人民政府副县长简伟翔、福建省气象局应急与减灾处处长林卫华、云南省气象服务中心主任彭启洋和绍兴市气象局党组成员、纪检组组长周奔分别进行主题分享，介绍了地方文旅产业、乡村振兴等特色内容，成为各地气象服务与文旅建设融合发展的优秀案例。

守正创新，多方联动，“中国天气”品牌成立至今，已成为覆盖8亿人群，获得千万公众认可的国家级气象品牌。未来，依托全国气象部门之力，通过“中国天气”金名片工程三大行动计划，“中国天气”必将进一步增强服务地方经济发展建设能力，为推动气象融入美丽中国建设做出更多贡献。

全国首个“二十四节气之城”

——绍兴

2023年4月26日，“风云际会·中国气象服务协会2022—2023年会”在江苏无锡学院隆重召开。会上公布了首批“二十四节气之城”名单，绍兴成为全国首个获此殊荣的城市。浙江省绍兴市人民政府副秘书长陈刚出席并代表绍兴接受“二十四节气之城”授牌。

2023年4月26日，江苏无锡，“二十四节气之城”授牌仪式
（从左至右：中国气象服务协会常务副会长孙健、浙江省绍兴市人民政府副秘书长陈刚）

一、“二十四节气之城”打造国家级金字招牌

“二十四节气之城”评选是立足气候科学，着眼节气文化的多重表达形式及其保护传承实践的综合评价活动，可促进各地更清晰地理解、更准确地弘扬

二十四节气的科学内涵和文化价值。为更系统、客观地评价，2021 年 12 月，中国气象服务协会颁布"'二十四节气之城'评价指标"，该指标由文化传承、气候天文、物候物产、特别贡献 4 个一级指标和 7 个二级指标组成。2022 年 7 月，在哈尔滨"中国天气"节气金名片资源发布会上正式启动"二十四节气之城"评价活动。

自活动正式启动以来，已有包括绍兴等多个城市积极申报，以期在弘扬二十四节气文化、促进非遗传承、讲好节气故事方面走在全国的前列。专家表示，"二十四节气之城"评价活动作为国家级金字招牌、非遗活态传承的创新之举，对延续历史文脉、坚定文化自信、建设社会主义文化强国具有重要意义。通过该活动可形成一批生态文明建设、节气文化挖掘与经济社会发展深度融合的典型案例，积累一系列可复制、可推广的经验做法。

二、绍兴成为全国首个"二十四节气之城"

绍兴，历史文化悠久、人文底蕴厚重、气候禀赋突出，在千年传承中形成了顺天应时、极具地域色彩的生产生活方式，孕育了冬酿黄酒、腊味酱味等特色产业，相关制作工艺被列为非物质文化遗产。绍兴市委、市政府高度重视节气文化在建设文化强市中的重要作用，自参评以来，为确保"二十四节气之城"评价工作顺利进行，第一时间在绍兴市气象局设立"二十四节气绍兴气候物候特征研究"课题，同时开展"二十四节气之旅"科学考察活动等大量的申报材料积累工作。

作为申报重要材料之一，"中国天气·二十四节气研究院"协助绍兴共同编制完成《"二十四节气之城"技术报告》。该报告共计 4 万余字，从科学与文化融合的角度，挖掘出绍兴"晴耕雨读"的气候特点，绘就了谷雨时节常见的"雨中水墨，晴时丹青"独特景致；梳理出汇聚大佛龙井、诸暨樱桃、二都杨梅等特产的"绍兴二十四节气风物谱"；提炼了绍兴黄酒酿制技艺与节气的密切关系，明确了"立冬示酿"是极具仪式感的文化礼典。

2022 年底，根据绍兴提交的申报材料，经中国气象服务协会评价委员会权威评审，一致认为绍兴各项指标均达到"二十四节气之城"评价标准，获得全国首个"二十四节气之城"称号。下一步，绍兴将借助"二十四节气之城"

国家级称号，发挥节气文化资源优势，进一步擦亮绍兴“历史文化名城”和“东亚文化之都”两张金名片。

三、“二十四节气之旅”促进文旅融合

“二十四节气之旅”旨在借助“国家级 IP 发布”“世界宝藏级活动”“超级宣发平台”三大核心优势，通过图文、直播、短视频等形式，展示绍兴生态文旅全貌，拉动年轻消费群体，提升黄酒产业附加值，为真实、立体、全面的节气文化传播开辟了全新路径。

“二十四节气之旅”绍兴立冬站将目光对准绍兴得天独厚的资源禀赋，历时六天，从安昌古镇出发，品尝“酱”“腊”“呛”“糟”等美食风味；在古越龙山机械车间，探寻糯稻变黄酒的酿制过程；在古越龙山中央酒库，感受穿越时光的藏酒智慧；在越城区水产村，见证乌大网捕鱼“稳笃公”绝技；在黄酒小镇，体验咬着吃的黄酒新品；最后来到东澄古村，寻找立冬时节的风光风物。

绍兴市相关领导参与“节气之旅”杀青活动

“二十四节气之旅”“节气之旅”“古人为什么那么能喝酒”“咬着吃的黄酒”等相关话题引起网友热议，其中“古人为什么那么能喝酒”登上微博热搜，总阅读量破亿。长达 24 小时的直播更是精彩不断，引起网友对绍兴立冬之美和

深厚文化底蕴的兴趣，总观看人数达 1767 万。“二十四节气之旅”绍兴立冬站全方位、立体化的传播，如一场视觉盛宴，全网总曝光量达 1.5 亿。

目前，“二十四节气之城”评价活动在河南、安徽等多个地市引发参评热情，期待与更多的城市携手，围绕节气传统文化的创造性转化、创新性发展，共同塑造城市“节气金名片”，共绘美丽中国新画卷。

当保险遇见节气

服务国家发展大局，守护人民美好生活。2023年6月1日，中国人寿宣传画面亮相CCTV《新闻联播》后《天气预报》栏目。此次中国人寿携手“中国天气”登陆央视，彰显了中国人寿的使命与担当，肯定了国家宣传平台的战略高度与宣传力量，也明确了两大品牌携手共担社会责任、积极发挥榜样意识的决心，切实加强品牌传播效果，加快推进世界一流金融保险集团建设的积极成效，共同为人民美好生活保驾护航。

针对此次合作，“中国天气”提供了最核心的媒体资源——CCTV《新闻联播》后《天气预报》栏目。其具备中央广播电视总台、中国气象局两大国家级平台权威背书，具有极高的公信力、正向的价值观以及广泛的受众群体，与《新闻联播》和《焦点访谈》栏目无缝衔接，能够为企业快速打造出高端、权威的品牌形象，被誉为央视最强黄金招标时段的资源之一，是最为匹配中国人寿企业形象的传播平台。

此次，中国人寿财险品牌在6~7月《天气预报》节气提醒板块进行投放，涵盖小满、芒种、夏至、小暑、大暑五个节气，曝光持续100秒左右，将品牌露出与温馨提醒相结合，贯穿多个大城市天气预报，彰显中国人寿“服务国家发展大局，守护人民美好生活”的使命担当。

同时，灾害性天气与财险紧密相关，考虑到中国人寿品牌的价值内涵与发展方向，推荐其在CCTV-2财经频道《第一时间 第一印象》栏目中，选择与保险高度相关城市和投保市场需求旺盛地区，针对中国人寿资产公司成立20周年以及其养老险业务，同步进行重点投放，达到精准覆盖、重点展示效果。

“中国天气”作为中国气象局全力打造、精心培育、成长壮大的国家级气象服务品牌，以CCTV黄金时段《新闻联播》后《天气预报》栏目为核心，汇集1套、2套、5套、7套、13套、17套等央视频道电视媒体资源，同时涵盖多个央级媒体传播平台，充分发挥中央级媒体权威性与影响力优势，借助“中国天气”新媒体矩阵，权威发布天气头条、预报预警、灾害直播、节气与生活等气象信息，展现绝对认可度与传播价值。此外，“中国天气”致力于服务大众生活、推动经济发展与文化传播，关注公益行动与科普宣传，支持绿色发展产业与现代农业发展，通过多个平台、多种产品、多项活动相互配合，系统构建出涵养文化、美好生活、良好生态、利民惠民的“大气象”服务体系，为国有品牌提供全方位的品牌传播服务。

CCTV-2 财经频道《第一时间　第一印象》广告投放画面

作为与新中国同龄的国有金融保险企业，中国人寿一直肩负着中国保险业探索者、开拓者的重任，践行着风险管理的“社会稳定器”、支持国家重大战略的“经济助推器”职责。2023 年，中国人寿坚持发展第一要务，坚定不移推进改革创新，突出做好增价值、优结构，加强资源整合、加强创新驱动、加强品牌建设等工作，不断开创中国人寿高质量发展新篇章，为建设世界一流金融保险集团奠定坚实基础。

守护铸就保障，托付凝聚信任。作为国内保险资产管理行业的先行者和“领头雁”，中国人寿一直致力于打造世界一流的金融保险品牌。此次携手“中国天气”亮相央视，借助“中国天气”多维度、多平台、多角度黄金资源，中国人寿将继续秉持“人民至上”价值理念，以“充分保障合法权益、赢得客户口碑和信任、增强其消费意愿”为目标，以坚定不移的决心、无微不至的贴心、值得信赖的诚心、无私奉献的爱心时刻守护人民美好生活。

节气还能怎么玩？

2023年11月22日，由中国气象局中央气象台、华风气象传媒集团主办的“‘中国天气’金名片工程资源发布会暨节气文化传承与应用发展大会”在贵州遵义成功召开。来自全国22个省（自治区、直辖市）44个地市的政府、气象等相关单位领导，10余位业界专家以及近30家企业代表受邀参会。

2023年11月22日，贵州遵义，“‘中国天气’金名片工程资源发布会暨节气文化传承与应用发展大会”会议现场

贵州省遵义市人民政府副市长吴起，中央广播电视总台总经理室客户服务一部主任刘丽华，国家气象中心党委书记、中央气象台副台长金荣花，华风集团党委书记、董事长李海胜先后发表致辞，充分肯定了“中国天气”金名片工程在节气文化传播、服务民生公益等领域的价值与优势，在传承中华优秀传统文化、传播品牌良好形象方面起到重要的推动作用。

2023 年 11 月 22 日，贵州遵义，“‘中国天气’金名片工程资源发布会暨节气文化传承与应用发展大会”领导致辞

一、四大金名片再升级 聚焦社会服务现代化

华风集团媒体资源运营中心主任、“中国天气·二十四节气研究院”秘书长白静玉介绍了“中国天气”金名片工程谱系，即生态文旅金名片、民生公益金名片、节气金名片、乡村振兴金名片四大金名片的升级方案，从强化天气内容生产、拓展气象媒体服务领域、提供科普公益活动等方面，突出“中国天气”金名片工程的资源价值与服务能力。

发布会现场，鉴于城市、企业在生态文明建设、民生公益等领域做出的突出贡献，共有 18 个城市、6 家企业荣获“最受关注的天气预报城市”“‘中国天气’民生公益金名片”荣誉称号。

与央视市场研究（CTR）联合重磅推出的“中国天气”公益品牌影响力风云榜，也进行了首届发布，分别揭晓“领航企业”“领秀城市”“节气传播领跑者”三大榜单，共有 20 余家城市、企业获此殊荣。

2023 年 11 月 22 日，贵州遵义，“中国天气”公益品牌影响力风云榜发布

二、五类合作齐推进 节气应用扬风帆

中国气象局气象服务首席专家、“中国天气·二十四节气研究院”副院长宋英杰发表“二十四节气的活态传承，要寻找与当代人之间的刚性关联”主题演讲，提到要围绕当代人对美好生活的向往，加强科学与文化的融合，注重节气科学与文化的可视化表达。

2023 年 11 月 22 日，贵州遵义，宋英杰发表主题演讲

会上，启动、签约及授牌的项目涉及多个行业，凸显了“中国天气”在节气文化传播应用上的积极实践。

项目一：茅台集团与华风集团合作项目立项启动

中国贵州茅台酒厂（集团）有限责任公司副总经理崔程、茅台集团科学与技术研究院主任陈笔与宋英杰副院长、二十四节气研究院自然科学研究室主任隋伟辉分别代表茅台集团与华风集团，参加“茅台酒及系列酒原产区域气候独特性研究”合作项目立项启动仪式。

2023 年 11 月 22 日，贵州遵义，茅台集团与华风集团进行合作项目立项启动仪式

项目二：节气科普研学基地建设战略合作

李海胜董事长与北方华录文化科技（北京）有限公司总经理刘观伟出席“节气科普研学基地建设战略”签约仪式。宋英杰副院长与北方华录文化科技有限公司事业发展部部长肖太全代表双方签署协议。

2023 年 11 月 22 日，贵州遵义，华风集团与北方华录签署节气文化科普研学战略协议

项目三:“中国天气 · 二十四节气研究院”安徽分院成立

“中国天气 · 二十四节气研究院”安徽分院也在此次会议上正式成立，淮南市副市长程俊华作为代表上台接受“中国天气 · 二十四节气研究院”安徽分院授牌。程俊华副市长认为，淮南市在二十四节气传承与发展上有良好的民间基础、学术氛围，此次安徽分院落户淮南将推动二十四节气研究再上新台阶。

2023 年 11 月 22 日，贵州遵义，“中国天气 · 二十四节气研究院”安徽分院成立

项目四：“中国天气 · 二十四节气研究院”副院长单位授牌

会议现场，中国人民保险集团股份有限公司、中国人寿养老保险股份有限公司、史丹利农业集团股份有限公司、匹克（中国）有限公司、成都彩虹电器（集团）股份有限公司5家企业入选“中国天气·二十四节气研究院”副院长单位。

2023年11月22日，贵州遵义，“中国天气 · 二十四节气研究院”副院长单位授牌仪式

项目五：“节气中国”科学考察活动启动

作为“中国天气”全力打造的IP项目，“节气中国”科学考察活动在中国气象局、各级政府领导以及快手、北方华录相关代表共同见证下正式启动。

赓续中华文脉，谱写当代华章。未来“中国天气”金名片工程将与时代同行，充分发挥国家级气象媒体的创新引领作用，以节气文化丰盈现代生活，以民生公益增进百姓福祉，为建设文化强国、品牌强国贡献应有之力。

2023 年 11 月 22 日，贵州遵义，中国天气“节气中国”科学考察活动启动仪式

风雨同天　共铸辉煌

2023 年 11 月 22 日，“‘中国天气’金名片工程资源发布会暨节气文化传承与应用发展大会”在贵州遵义举办。节气论坛作为此次会议重要环节之一，海峡两岸多位专家学者受邀参加。中国气象局气象服务首席专家、“中国天气·二十四节气研究院”副院长宋英杰担任节气论坛主持。

2023 年 11 月 22 日，贵州遵义，宋英杰担任节气论坛环节主持

一、人类非物质文化遗产代表作——二十四节气的多重属性

中国农业博物馆农业历史研究部主任、研究员，中国二十四节气保护传承联盟秘书长唐志强从准确性、节律性、指导性、丰富性、时令性等十二个属性方面介绍了二十四节气的丰富内涵。

2023 年 11 月 22 日，贵州遵义，节气论坛环节唐志强发表主题演讲

他通过气候变化规律、日月运行、农事活动、节令习俗等知识体系与社会实践，总结出二十四节气是富有哲理的生产、生活智慧结晶，洋溢着自然的浪漫和神韵。

二、论二十四节气是简明物候历

中国民俗学会副会长，北京大学中国语言文学系教授、民间文学教研室主任陈连山提出中国传统历法是阴阳合历，二十四节气是其中不可或缺的阳历部分。

他还认为二十四节气是简明物候历，跟《夏小正》所列举的物候相比更加抽象。这为后世不同地区民众根据本地区的实际情况对之加以再创造，预留了相当广阔的发挥空间。

三、顺天候 应节物 细品生活之美

台湾气象服务产业发展协会理事长、台湾气候服务联盟秘书长、中国文化大学大气科学系主任曾鸿阳指出，台湾地区的农耕文化、民俗传统尊崇气候条件，这使得台湾各地的文化和自然活动与二十四节气紧密相连。

2023 年 11 月 22 日，遵义，节气论坛环节陈连山分享理论观点

2023 年 11 月 22 日，贵州遵义，节气论坛环节曾鸿阳做主题分享

他还将对节气的生活态度提炼成感悟，认为每件事物都是独一无二的，与其复制别人的路，不如顺从天性、适应气候，“环境对了，事就顺了。”

本次论坛还同步在“中国天气”新媒体平台、快手进行直播，共有 40 余万网友在线收看。作为一项重要的人类非物质文化遗产，二十四节气凝结着中华优秀传统文化与先民智慧经验，标记着时代变迁的足迹和共同的文化记忆。节气文化的活态传承意味着二十四节气要回应人们的现实需要，在当代生活中释放新的可能，让二十四节气持续焕发蓬勃生机。

与天共谋绘就振兴宏图

——乡村振兴金名片

针对“三大痛点”对症下药

“中国天气”品牌作为国家级气象媒体的先行者，充分发挥气象媒体创新引领作用，以推动高质量发展为主题，以做强区域农品、服务乡村振兴为目标，于2023年2月21日，在北京举办“中国天气·农业品牌金名片工程”发布会，中国气象局、中国气象服务协会，各省市地方政府、农业等部门相关领导，以及农业、品牌营销等各行业领域的业界专家受邀参会。

本次发布会紧跟2023年中央一号文件指导思想，以打造专业性、国家级农业品牌推广平台为核心，以提供全媒体发展策略、“一站式”服务为愿景，强势推出“中国天气·农业品牌金名片工程”，加快推进品牌强农、气象助农的发展进程。

2023年2月21日，北京，“中国天气·农业品牌金名片工程”启动仪式现场

2023 年是全面贯彻落实党的二十大精神的开局之年，2 月 13 日发布的中央一号文件再次表明党中央加强“三农”工作的鲜明态度，发出了重农强农的强烈信号。如何围绕国家重大战略做好区域农产品品牌建设工作，助力乡村振兴发展是本次会议重点。作为国家级气象服务品牌，“中国天气”充分发挥气象媒体创新引领作用，与各界携手共商中国农业品牌愿景与建设农业强国战略任务紧密结合的创新之路，以农业品牌化助推乡村振兴。

中国气象局应急减灾与公共服务司副司长李飞指出，为农服务始终是气象服务的重中之重，未来将继续联合多方部门共同做好农业专业服务，强化气象防灾减灾体制机制建设，为农业提质增效；中广联合会广播电视产业发展委员会专家组组长金国强表示，“中国天气・农业品牌金名片”的发布，打造了气象为农服务与新时代主流传播价值融为一体的传播途径，开启了品牌合作的无限可能；华风气象传媒集团总经理赵会强表示，“中国天气”将多维度赋能与助推农业品牌，夯实品牌建设基础，扩大区域农产品传播声量。

2023 年 2 月 21 日，北京，中国气象局应急减灾与公共服务司副司长李飞致辞

会上，华风集团媒体资源运营中心主任白静玉针对中国农业品牌发展的“三大痛点”，解读了“中国天气”全方位助力农业品牌长续发展的“三步走”战略，点明了“中国天气”强大的品牌服务优势。此次重磅推出的“农业品牌

2023 年 2 月 21 日，北京，中广联合会广播电视产业
发展委员会专家组组长金国强致辞

2023 年 2 月 21 日，北京，华风气象传媒集团总经理赵会强致辞

金名片工程”，依托央级栏目黄金时段CCTV《新闻联播》后《天气预报》栏目为核心天气预报资源，打通CCTV5、CCTV13、CCTV17等国家级频道，20余家省级电视媒体、“中国天气”新媒体矩阵、新华社《中国名牌》等国家级新媒体资源，搭载乡村振兴青年创意大赛，邀请青年共创新局，破除农业品牌“高成本、低效率”的传播困境，提升农产品附加值，从“小而散”转为“精而美”；同时运用气象科学背书，讲述农业品牌好品质，引领消费者认知、认可农业品牌，助力品牌精准下沉，实现“缘于乡”到“名于国”；此外，通过乡村振兴公益直播与节气臻选商城入驻打造转化闭环，帮助消费者一站完成农业品牌的认知、认可与认购，达到“物出村”到“菜入户”的效果。

2023年2月21日，北京，华风集团媒体资源运营中心主任白静玉做资源介绍

农业农村部农业品牌专家工作委员会委员、上海交通大学新农村发展研究院教授铁丁，对农业品牌金名片工程表示了肯定，并针对“农产品品牌传播与媒体影响力建设”进行了价值分析报告宣讲。

农业品牌建设需要政府、媒体等相关单位多方合力推进，更需要业界学者和行业带头人的引领推进。在会议研讨阶段，中国广告协会广电工作委员会常务副会长田涛主持行业专家论坛，广告人文化集团总裁穆虹、人本智汇创始人兼CEO李亚、美兰德传播咨询董事总经理崔燕振、“中国天气”首席气象分析师胡啸，针对农业品牌的传播与拓展进行研讨交流，共同探索如何助力农业品牌高质量发展以及未来农产品发展新路径。

2023 年 2 月 21 日，北京，“中国天气 · 农业品牌金名片工程”专家论坛
（从左至右：田涛、崔燕振、穆虹、李亚、胡啸）

2023 年 2 月 21 日，北京，广东省茂名市供销社党组书记、
主任冯照年分享当地特色农业品牌建设经验

2023年2月21日，北京，广告人文化集团副总裁陈晓庆针对“乡村振兴创意大赛”发表演讲

乡村振兴，品牌强农。加快推进品牌强农就是牵住了全面推进乡村振兴、建设农业强国的“牛鼻子”。“中国天气”将全面助力乡村振兴与农业强国建设，从“靠天吃饭”转向“与天共谋”，与各方共同谋划农业高质量发展。

走！带你云挖参

二十四节气作为典型的“中国时间”，铺陈着中国人数千年来与自然和谐相处的生态画卷，彰显着中华民族崇尚自然、热爱自然的文化基因。2023 年 9 月中旬，正值秋高气爽、体感舒适的仲秋时节，“节气中国”之旅由此正式开启。

CCTV《新闻联播》后《天气预报》栏目活动宣传画面

“节气中国”是由“中国天气”组织发起的系列 IP 活动，旨在全国范围内挖掘具有节气代表性的风光、风物、风俗、风味，以节气视角，看美丽中国。走进每一处河山，看不同节气时段中，大自然细腻、微妙的唯美变化。

“节气中国”首站选择了拥有“中国人参之乡”美誉的吉林省白山市抚松县。抚松地处长白山核心区域，是道地性人参的原产地和主产区，素有“世界人参看中国，中国人参看抚松”的说法。

吉林省白山市抚松县万良长白山人参集散市场，占地面积有 4 万平方米

白露时节是人参生长和收获的关键时期，“节气中国”直播团队在“节气萌主”宋英杰老师带领下，深入当地，用镜头记录秋天斑斓的颜色，以及黑土地田间地头的自然风“彩”。同时带观众“参”临其境，体验国家级非物质文化遗产代表性项目——长白山采参风俗，感受采参老一辈人的传承与坚守。

《一场白露节气里的抬参之旅》视频截图

此次活动共产出一场时长为 2 小时的现场直播，发布 38 条微博（2 条互动投票）、19 条图文内容、17 个短视频、16 张海报、1 篇公众号原创推文，全网流量近百万。

此次活动在传播传统节气与民俗文化的同时，助力抚松当地形象宣传，提高了“抚松人参”的知名度和美誉度，向大众展示出长白山采参习俗蕴含的历史背景与文化价值。抚松之旅作为“节气中国”的首站，挖掘了当地特色节气资源，进一步推动地方经济高质量发展，共绘美丽中国的壮美画卷。

“贵”字号也可以好吃不贵

2023年10月28日，农业品牌精品培育全媒体公益宣展活动暨出发仪式在贵州省黔南州瓮安县举办。宣展活动以“锻造国家农业品牌”为主题，由农业农村部市场与信息化司指导，农民日报社、中国农业电影电视中心、中国农村杂志社、农业农村部信息中心等联合牵头，会同中央媒体和互联网传播平台，聚焦精品培育的区域公用品牌，形成主流传播矩阵效应，提升农业品牌传播声量和效果，为增强品牌竞争力、影响力、带动力，促进实现渠道嫁接和销售转化提供助力。作为面向公众提供气象服务的重要窗口，华风气象传媒集团受邀参加本次活动。

农业品牌精品培育全媒体公益宣展活动暨出发仪式现场

近年来，各级农业农村部门深入推进品牌强农，培育了一批特色鲜明、质量过硬、有影响力的农业品牌，探索创新了一批鲜活的典型经验、典型模式、典型路径。此次活动是贯彻落实党中央、国务院决策部署，深入推进品牌强农的有效抓手，也是农业品牌精品培育工作的重要内容。宣展活动坚持公益性，充分发挥各类媒体平台的传播优势、内容优势和渠道优势，对精品培育品牌的产业特色、品牌故事、文化内涵、市场价值等进行深入挖掘，集中资源、集中时段推出系列报道，增强农业品牌社会关注度，提升农业品牌知名度、美誉度和消费忠诚度，帮助更多优质特色品牌树精品、出亮点、成爆款，为推进农业农村现代化、加快建设农业强国做出贡献。华风集团“中国天气”媒体矩阵多年来不断输出质量高、专业强的品牌助推计划，在气象为农服务方面有丰富的数据基础与权威的传播平台，在本次活动中重点突出以气象赋能地方生态文旅建设、乡村振兴发展，协力挖掘各地方典型做法，讲好品牌故事，促进品牌营销推广。

农业品牌精品培育计划——贵州农业品牌

贵州省作为本次活动全国首站，近年来立足优质资源禀赋，念好“山字经”，种好“摇钱树”，打好“特色牌”，以一批“贵”字号品牌深入人心，农业品牌已成为贵州推动农业高质量发展的关键举措。活动期间，农民日报社代表全媒体宣展活动参与单位与贵州省农业农村厅签署农业品牌精品培育全媒体宣展战略合作协议。宣展团首站围绕都匀毛尖、遵义朝天椒、修文猕猴桃等区域公用品牌开展了为期一周的采访。华风集团随团走访，重点聚焦代表性农业中的优质资源禀赋，以及核心支柱产业特色发展之路，深挖地域、气候的优势因素，进一步扩大“贵”字号品牌的影响力，助力贵州品牌农产品销售推广，惠及更多农民群众增收致富。

“粤销粤旺”

2023 年 11 月 29 日至 12 月 1 日，农业品牌精品培育全媒体公益宣展活动（广东站）成功举办。此次宣展活动由农业农村部市场与信息化司指导，由中国农村杂志社联合农民日报社、中国农业电影电视中心、农业农村部信息中心等农业农村部部属媒体及华风气象传媒集团等其他相关媒体走进广东，聚焦广东省纳入精品培育计划的品牌开展联合采访。

近年来，广东以农产品“12221”市场体系建设为重要抓手，加快推进广东特色优势农业品牌建设工作，全面推进“粤字号”农业知名品牌创建行动，持续带动农业增效、农民增收、农村发展。增城荔枝、清远鸡、顺德鳗鱼、白蕉海鲈、凤凰单丛等品牌先后入选农业品牌精品培育计划。

凤凰单丛、顺德鳗鱼、白蕉海鲈、清远鸡

活动期间，宣展团深入广州市增城区、清远市等地，围绕农产品品质如何加强、品牌如何打造、渠道如何建立、文化如何挖掘、价值如何提升等农产品品牌建设的关键问题，进行了深度采访调研。以广州增城为例，调研组先后走访了增城区荔枝文化博览园、广东乡丰特色水果产业园、东林果业园、西园挂绿母树观赏区。“世界荔枝看广东，好吃荔枝在增城”。

增城荔枝

如今增城荔枝品牌建设成绩斐然，已涌现出“增城挂绿”“增城荔枝”两项国家地理标志产品，和“增城挂绿”“增城桂味”“增城糯米糍”“增城仙进奉”“增城水晶球”5 项国家地理标志证明商标。据了解，2023 年，增城荔枝种植面积为 19.72 万亩，总产量约为 4.8 万吨，总产值为 21.6 亿元；同时，“增城仙进奉”作为全国唯一入选荔枝品种上榜 2023 年农业主导品种，正继续在全国荔枝主产区大面积种植推广，目前广西、云南、海南、福建、四川、重庆引种面积超 10 万亩！

2023 年农业农村部启动的以“锻造国家农业品牌”为主题的农业品牌精品培育全媒体公益宣展活动，通过集中资源、集中时段推出系列报道，必将进一步扩大产地品牌的影响力、竞争力和认知度，助力各地农产品的销售和推广，惠及更多农民群众增收致富。

“桂”有“桂”道理

2023 年 12 月 7 日，农业品牌精品培育全媒体公益宣展活动（广西站）在桂林市会展中心启动。本次活动由农业农村部市场与信息化司指导，广西壮族自治区农业农村厅、中国农业电影电视中心、农民日报社、中国农村杂志社、农业农村部信息中心主办，桂林市农业农村局承办，全国各地共二十余家媒体进行了现场报道。华风气象传媒集团受邀随团前往当地，同 11 家媒体共 20 人全方位挖掘农业品牌典型做法，以全媒体讲好农业品牌故事，全平台促进农业品牌营销推广，形成主流传播矩阵效应，切实增强品牌传播的声量和效果。

在启动仪式现场，中国农业电影电视中心副主任庞博介绍农业品牌精品培育全媒体公益宣展活动（广西站）情况，农业品牌精品培育全媒体公益宣展活动（广西站）正式启动。随后举办了 2023 年“桂字号”秋冬水果产销对接活动，并举行广西水果采购签约仪式，现场达成签约意向金额达 5.2 亿元。

农业品牌精品培育全媒体公益宣展活动（广西站）正式启动

活动期间，华风集团及各媒体组成的宣展团先后前往永福罗汉果种植资源保护基地、永福罗汉果科技示范园、荔浦沙糖橘采收现场、苍梧六堡茶种植基地等地，采用现场调研、媒体提问等方式，完成对罗汉果、沙糖橘、六堡茶产业的走访拍摄。本次活动，华风集团立足气象角度，聚焦当地孕育农产品中的优势地域与气候因素，挖掘打造农业品牌中的气象脉络，以期进一步扩大广西“桂字号”农业品牌的影响力、竞争力和认知度，助力广西品牌农产品的营销和推广。

罗汉果、沙糖橘、六堡茶产地实拍

2023 年，农业农村部市场与信息化司积极启动以“锻造国家农业品牌”为主题的农业品牌精品培育全媒体公益宣展活动。目前，宣展活动已经在贵州和广东两地成功开展，广西为第三站。近年来，广西认真贯彻党中央关于“三农”工作的指示精神，落实国家部委关于农产品销售和农业品牌建设工作部署，坚持质量兴农、绿色兴农、品牌强农，积极贯通产加销、融合农文旅，推动特色产业实现质的有效提升和量的合理增长，品牌建设卓有成效，百色芒果、永福罗汉果、荔浦沙糖橘、陆川猪、梧州六堡茶等一批“桂字号”农业品牌享誉全国、畅销海外。华风集团以全媒体资源整合运营形态，积极参与每次公益宣展活动，从气候特征、气象条件、产品对应特性等方面多角度、多层次挖掘地方农业品牌故事，探索助力区域农业品牌高质量发展以及未来精品农品发展新路径。